自然资源资产配置政策研究

杨 红 雷爱先 黄保华◎主 编

李 华 刘 鸿 王 恒◎副主编

科学技术文献出版社
SCIENTIFIC AND TECHNICAL DOCUMENTATION PRESS

·北京·

图书在版编目（CIP）数据

自然资源资产配置政策研究 / 杨红，雷爱先，黄保华主编. —北京：科学技术文献出版社，2023.3

ISBN 978-7-5189-8880-8

Ⅰ.①自⋯ Ⅱ.①杨⋯ ②雷⋯ ③黄⋯ Ⅲ.①自然资源—国有资产—资产管理—政策—研究—中国 Ⅳ.① X196

中国版本图书馆 CIP 数据核字（2021）第 274044 号

自然资源资产配置政策研究

策划编辑：周国臻　　责任编辑：李 鑫　　责任校对：张永霞　　责任出版：张志平

出 版 者	科学技术文献出版社	
地　　址	北京市复兴路15号	邮编　100038
编 务 部	(010) 58882938，58882087（传真）	
发 行 部	(010) 58882868，58882870（传真）	
邮 购 部	(010) 58882873	
官 方 网 址	www.stdp.com.cn	
发 行 者	科学技术文献出版社发行　全国各地新华书店经销	
印 刷 者	北京虎彩文化传播有限公司	
版　　次	2023 年 3 月第 1 版　2023 年 3 月第 1 次印刷	
开　　本	710×1000　1/16	
字　　数	113千	
印　　张	11.25	
书　　号	ISBN 978-7-5189-8880-8	
定　　价	58.00元	

《自然资源资产配置政策研究》
编写组名单

主　　编　杨　红　雷爱先　黄保华

副 主 编　李　华　刘　鸿　王　恒

编写人员　（按姓氏笔画排序）

　　　　　　王　恒　王强辉　刘　鸿

　　　　　　苌　兴　李　华　杨　红

　　　　　　陈　恩　黄保华　雷爱先

前　言

　　全民所有自然资源是宪法和法律规定属于国家所有的各类自然资源，主要包括国有土地资源、水资源、矿产资源、森林资源、草原资源、海域海岛资源等。2015年，中共中央、国务院印发《生态文明体制改革总体方案》，对加快建立系统完整的生态文明制度体系，增强生态文明体制改革的系统性、整体性、协同性提出全方位要求。开展自然资源资产有偿使用制度研究，是生态文明建设的总体要求，是落实全民所有自然资源资产有偿使用制度改革的核心内容，是落实统一行使全民所有自然资源资产所有者职责的重要举措。

　　改革开放以来，我国全民所有自然资源资产有偿使用制度逐步建立，在促进自然资源保护和合理利用、维护所有者权益方面发挥了积极的作用，但仍然存在市场配置资源的决定性作用发挥不充分、所有权人不到位、所有权人权益不落实等问题。全民所有自然资源资产是国民经济和社会发展的根本源泉，是生态文明建设的空间场所和主阵地。立足生态文明体制改革全局，以完善全民所有自然资源资产有偿使用制度为重点，对全民所有土地、矿产、森林、草原、水、海洋等自然资源资产划拨、出让、租赁、作价出资政策进行梳理分析，提出改革完善的政策思路，在坚持全民所有制的前提下，创新全民所有自然资源资产所有权实现形式，推动所有权和使用权分离，夯实全民所有自然资源资产有偿使用的权利基础，对落实中央关于统一行使全民所有自然资源资产所有者职责的要求，充分发挥市场对资源配置的决定性作用，具有重要现实意义和长远的历史意义。

本书从明确适用于划拨、出让、租赁、作价出资等有偿使用的自然资源资产的基础出发，梳理了国有建设用地划拨、出让、租赁、作价出资，矿业权出让转让，森林权流转，草原承包经营权流转，水权有偿使用，海域、无居民海岛有偿使用等法律政策及其主要内容。对现行自然资源资产有偿使用政策进行分析，提出完善自然资源资产有偿使用政策的对策思路，为自然资源资产管理从业者提供启发。

目前，自然资源资产配置政策还处于不断探索完善阶段，由于编者理论水平有限，实践经验不足，本书编写过程中难免有所疏漏，书中观点也仅为一家之言，敬请广大读者批评指正。

《自然资源资产配置政策研究》编写组

2022 年 12 月

目　录

第一章　引　言…………………………………………………………1

一、研究背景………………………………………………………… 1

二、研究范围………………………………………………………… 3

三、主要研究内容…………………………………………………… 4

第二章　国有建设用地划拨、出让、租赁、作价出资法律政策

　　　　及其主要内容 …………………………………………………7

一、国有建设用地划拨、出让、租赁、作价出资法律

　　政策………………………………………………………………7

二、国有建设用地划拨供应政策………………………………… 10

三、国有建设用地使用权出让政策……………………………… 18

四、国有建设用地租赁政策……………………………………… 31

五、国有建设用地使用权作价出资（入股）相关政策…… 36

六、国有建设用地划拨、出让、租赁、作价出资政策

　　分析…………………………………………………………… 44

第三章 矿业权出让转让法律政策及其主要内容……………… 48

一、矿产资源出让转让法律政策……………… 48

二、矿产资源有偿使用……………… 49

三、矿业权出让政策内容……………… 50

四、矿业权转让政策内容……………… 52

五、矿业权出租政策的主要内容……………… 57

六、矿业权抵押政策的具体内容……………… 58

七、矿业权出让转让政策总体评价……………… 59

第四章 林权流转法律政策及其主要内容……………… 62

一、森林有偿使用法律政策……………… 62

二、国有森林资源使用制度……………… 67

三、集体森林资源流转……………… 70

四、国有林地制度的地方探索……………… 74

五、森林资源有偿使用政策分析……………… 77

第五章 草原承包经营权流转法律政策及其主要内容………… 82

一、草原资源有偿使用法律政策……………… 82

二、草原产权及管理变化……………… 83

三、草原权属……………… 85

四、草原承包经营权流转政策主要内容……………… 85

五、草原承包经营权流转现存困难……………… 89

六、草原承包经营权流转政策分析……………… 91

第六章 水权有偿使用法律政策及其主要内容……………… 94

一、水资源有偿使用法律政策………………… 94

二、水资源有偿使用法律政策内容……………… 95

三、水权交易政策分析…………………… 102

第七章 海域、无民民海岛有偿使用政策及其主要内容……… 106

一、海洋资源有偿使用法律政策……………… 106

二、海域资源有偿使用政策的主要内容…………… 107

三、无居民海岛有偿使用政策……………… 118

四、海域海岛有偿使用政策分析……………… 119

第八章 现行自然资源资产有偿使用政策分析……………… 130

一、自然资源资产有偿使用政策的共同特征………… 130

二、自然资源资产有偿使用政策的差异性分析………… 142

第九章 完善自然资源资产有偿使用政策的对策思路………… 156

一、完善自然资源资产有偿使用政策的总体方向……… 156

二、完善自然资源资产有偿使用政策的工作思路……… 163

第一章 引 言

一、研究背景

（一）开展自然资源资产有偿使用制度研究，是生态文明建设的总体要求

2015 年，中共中央、国务院印发《生态文明体制改革总体方案》（简称《方案》），对加快建立系统完整的生态文明制度体系，加快推进生态文明建设，增强生态文明体制改革的系统性、整体性、协同性提出全方位要求。《方案》明确，要树立自然价值和自然资本的理念，自然生态是有价值的，保护自然就是增值自然价值和自然资本的过程，就是保护和发展生产力，就应得到合理的回报和经济补偿。《方案》提出，到 2020 年，要构建起由自然资源资产产权制度、国土空间开发保护制度、空间规划体系制度、资源总量管理和全面节约制度、资源有偿使用和生态补偿制度、环境治理体系制度、环境治理和生态保护市场体系制度、生态文明绩效评价考核和责任追究制度等 8 项制度构成的产权清晰、多

元参与、激励约束并重、系统完整的生态文明制度体系。《方案》要求，构建反映市场供求和资源稀缺程度、体现自然价值和代际补偿的资源有偿使用和生态补偿制度，着力解决自然资源及其产品价格偏低、生产开发成本低于社会成本、保护生态得不到合理回报等问题。开展自然资源资产有偿使用政策研究，是落实产权保护、国土空间开发保护的重要内容，也是建设生态文明制度体制的重要内容。

（二）开展自然资源资产有偿使用政策研究，是落实全民所有自然资源资产有偿使用制度改革的核心内容

2016 年，国务院下发《关于全民所有自然资源资产有偿使用制度改革的指导意见》（国发〔2016〕82 号），进一步明确：全民所有自然资源是法律规定的属于国家所有的各类自然资源，主要包括国有土地资源、水资源、矿产资源、国有森林资源、国有草原资源、海域海岛资源等。自然资源资产有偿使用制度是生态文明制度体系的一项核心制度。开展自然资源资产有偿使用政策研究，有利于加快完善自然资源有偿使用制度，加强对自然资源资产的监督管理，可有效解决市场配置资源的决定性作用发挥不充分、所有权人不到位、所有权人权益不落实等突出问题。

（三）开展自然资源资产划拨、出让、租赁、作价出资政策研究，是落实统一行使全民所有自然资源资产所有者职责的重要举措

2017 年，习近平总书记在党的第十九次全国代表大会上的报

告中提出"加强对生态文明建设的总体设计和组织领导，设立国有自然资源资产管理和自然生态监管机构，完善生态环境管理制度，统一行使全民所有自然资源资产所有者职责，统一行使所有国土空间用途管制和生态保护修复职责，统一行使监管城乡各类污染排放和行政执法职责。"其中统一行使全民所有自然资源资产所有者职责，包括自然资源资产有偿使用工作，制定全民所有自然资源资产划拨、出让、租赁、作价出资政策，合理配置全民所有自然资源资产。开展全民所有的土地、矿产、森林、草原、水、海洋等自然资源资产划拨、出让、租赁、作价出资政策的梳理分析，提出改革完善的政策思路，对落实中央关于统一行使全民所有自然资源资产所有者职责的要求、充分发挥市场对资源配置的决定性作用，具有重要现实意义和长远的历史意义。

二、研究范围

（一）自然资源资产的广义理解

《辞海》对自然资源的定义：泛指天然存在的并有利用价值的自然物，如土地、矿藏、气候、水利、生物、森林、海洋、太阳能等资源。生产的原料来源和布局场所。对国家或地区的自然资源自然条件进行综合分析、评价是地理学的重要任务之一。联合国环境规划署对自然资源的定义：在一定的时间和技术条件下能够产生经济价值，以提高人类当前和未来福利的自然环境因素的总称。这是最广义的自然资源概念。

（二）中央文件对自然资源资产的规定

近年来中央先后下发的政策文件中，对自然资源资产的范围定义愈益明晰。

①中共中央发布的《生态文明体制改革总体方案》明确，自然资源包括土地、矿藏、水流、森林、山岭、草原、荒地、海域、滩涂等。

②国务院《关于全民所有自然资源资产有偿使用制度改革的指导意见》（国发〔2016〕82号）指出，开展有偿使用的自然资源资产包括国有土地、水、矿产、国有森林、国有草原、海域海岛等6类自然资源资产。

（三）本书自然资源的研究范围

从研究有偿使用政策、设计改革路径的视角上，本书主要以狭义的自然资源，即国有土地、水、矿产、国有森林、国有草原、海域海岛等6类资源作为政策的研究范围，不包括湿地资源。

三、主要研究内容

（一）国有建设用地划拨、出让、租赁、作价出资法律政策及其主要内容

鉴于土地管理法律法规和规范性文件对划拨、出让、租赁、作价出资政策均有程度不同的规范，因此，本部分内容较为系统和丰富。

（二）矿业权出让转让法律政策及其主要内容

现行法律法规政策中，矿业权有偿使用只有出让一种形式，不存在划拨、租赁和作价出资。同时，矿业权转让包括租赁、作价出资等形式。为尊重法律规定，本部分研究矿业权出让政策和转让政策。

（三）林权流转法律政策及其主要内容

现行法律法规政策中，可有偿使用的森林资源只有集体林权，但有偿使用的方式不是出让、租赁和作价出资，而是依据土地承包经营法确定的承包经营权流转。因此，森林资源有偿使用部分的研究主要指的是集体林权流转。

（四）草原承包经营权流转法律政策及其主要内容

本部分涉及的有偿使用与集体林权类似，也指的是依据土地承包经营权确定的承包经营权流转。

（五）水权有偿使用法律政策及其主要内容

本部分涉及水资源有偿使用法律政策及其主要内容，主要对区域间水权交易制度和政策做了研究。

（六）海域、无居民海岛有偿使用法律政策及其主要内容

海域使用权交易制度已通过法律确立，但无居民海岛资源有偿使用只是在沿海个别省试点推进，没有形成制度。本部分对涉及的法律政策和制度要求做了研究。

（七）现行自然资源资产有偿使用政策分析

自然资源资产划拨、出让、租赁、作价出资及转让、流转等行为，从产权经济学的意义来讲，就是自然资源所有权之上的使用行为。在这一使用行为中，有偿使用是共同特征。另外，对政策差异性的深入分析，有助于在完善自然资源资产有偿使用制度和政策体系的工作推进中，把握方向、统筹时序。本部分从不同的标准和视角，对国有土地、水、矿产、国有森林、国有草原和海域海岛 6 类自然资源资产有偿使用的共同特征做了分析，进而对 6 类自然资源资产有偿使用在所有制性质、权利类型、权能形式、配置方式、价格机制等方面存在的差异做了系统分析。

（八）完善自然资源资产有偿使用政策的对策思路

本部分从完善自然资源资产有偿使用政策的总体方向和工作思路两个方面，提出了完善我国自然资源资产有偿使用政策的对策建议。

第二章 国有建设用地划拨、出让、租赁、作价出资法律政策及其主要内容

一、国有建设用地划拨、出让、租赁、作价出资法律政策

近年来，国家先后出台一系列土地管理法律法规和政策，明确了国有建设用地供应政策，成为供应国有建设用地的直接政策依据。

（一）法律法规规章

1. 法律

①《中华人民共和国宪法》（2018 年 3 月 11 日，第十三届全国人民代表大会第一次会议通过的《中华人民共和国宪法修正案》修正）；

②《中华人民共和国民法典》（2020 年 5 月 28 日，十三届全国人大三次会议表决通过）；

③《中华人民共和国土地管理法》（2019 年修正）；

④《中华人民共和国城市房地产管理法》（2019 年修正）；

⑤《中华人民共和国城乡规划法》（2007 年 10 月 28 日第十届全国人民代表大会常务委员会第三十次会议通过）。

2. 行政法规

①《中华人民共和国国有城镇土地使用权出让和转让暂行条例》（1990 年国务院令第 55 号）；

②《城市房地产开发经营管理条例》（1998 年国务院令第 248 号）；

③《中华人民共和国土地管理法实施条例》（2021 年国务院令第 743 号）；

④《不动产登记暂行条例》（2014 年 11 月 24 日，国务院令第 656 号）。

3. 部门规章

①《划拨用地目录》（2001 年国土资源部令第 9 号）；

②《协议出让国有土地使用权规定》（2003 年国土资源部令第 21 号）；

③《招标拍卖挂牌出让国有建设用地使用权规定》（2007 年国土资源部令第 39 号）；

④《违反土地管理规定行为处分办法》（2008 年监察部、人力资源和社会保障部、国土资源部令第 15 号）；

⑤《闲置土地处置办法》（2012 年国土资源部令第 53 号）；

⑥《节约集约利用土地规定》（2014 年国土资源部令第 61 号，2019 年修正）；

⑦《不动产登记暂行条例实施细则》(2016年国土资源部令第63号)。

4. 司法解释

①《关于审理破坏土地资源刑事案件具体应用法律若干问题的解释》(法释〔2000〕14号);

②《关于破产企业国有划拨土地使用权应否列入破产财产等问题的批复》(法释〔2003〕6号);

③《最高人民法院关于转发国土资源部〈关于国有划拨土地使用权抵押登记有关问题的通知〉的通知》(法发〔2004〕11号);

④《最高人民法院关于审理涉及国有土地使用权合同纠纷案件适用法律问题的解释》(法释〔2005〕5号);

⑤《最高人民法院关于适用〈中华人民共和国物权法〉若干问题的解释(一)》(法释〔2016〕5号)。

(二)国务院文件

①《国务院办公厅关于加强土地转让管理严禁炒卖土地的通知》(国办发〔1999〕39号);

②《国务院关于加强国有土地资产管理的通知》(国发〔2001〕15号);

③《国务院办公厅关于清理整顿各类开发区加强建设用地管理的通知》(国办发〔2003〕70号);

④《国务院关于深化改革严格土地管理的决定》(国发〔2004〕28号);

⑤《国务院关于加强土地调控有关问题的通知》(国发

〔2006〕31号）；

⑥《国务院关于促进节约集约用地的通知》（国发〔2008〕3号）。

（三）原国土资源部文件

①《国土资源部关于印发〈规范国有土地租赁若干意见〉的通知》（国土资发〔1999〕222号）；

②《国土资源部关于加强土地资产管理促进国有企业改革和发展的若干意见》（国土资发〔1999〕433号）；

③《国土资源部关于改革土地估价结果确认和土地资产处置审批办法的通知》（国土资发〔2001〕44号）；

④《国土资源部关于印发〈招标拍卖挂牌出让国有土地使用权规范（试行）〉和〈协议出让国有土地使用权规范〉（试行）的通知》（国土资发〔2006〕114号）；

⑤《国土资源部关于印发〈国有建设用地划拨决定书〉的通知》（国土资发〔2008〕73号）；

⑥《国土资源部　国家工商行政管理总局关于发布〈国有建设用地使用权出让合同〉示范文本的通知》（国土资发〔2008〕86号）。

二、国有建设用地划拨供应政策

（一）国有建设用地供应的基本方式

国有建设用地供应是指国家以土地所有者的身份，将国有建设用地土地使用权提供给用地者使用的行为。我国现行法律法规政策规定，国有建设用地的供应方式主要有划拨供应和有偿供应两大类。有偿供应方式又包括国有建设用地使用权出让、国有建设用地租赁、国有建设用地使用权作价出资（入股）等。其中，国有建设用地出让包括协议出让、招标出让、拍卖出让、挂牌出让4种具体方式；国有建设用地租赁包括协议租赁、招标租赁、拍卖租赁、挂牌租赁4种具体方式。国有建设用地的供应方式如图2-1所示。

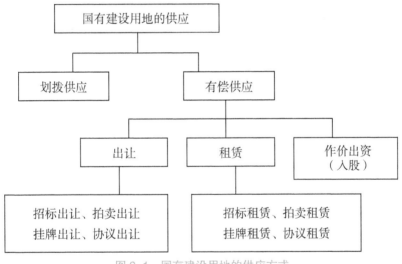

图2-1 国有建设用地的供应方式

（二）国有建设用地划拨与划拨国有建设用地使用权

1. 国有建设用地划拨的概念和特点

（1）概念。国有建设用地划拨是指县级以上人民政府依法批准，在土地使用者缴纳补偿、安置等费用后将该幅建设用地交付其使用，或者将国有建设用地无偿交给使用者使用的行为。国有建设用地使用权划拨必须依法报经县级以上人民政府批准，并由市、县人民政府土地行政主管部门向用地单位或个人颁发《中华人民共和国国有建设用地划拨决定书》和《建设用地批准书》。

（2）特点。国有建设用地划拨供应方式具有以下3个特点：①政府不收取土地出让金，以划拨方式取得国有建设用地使用权的用地者不向政府缴纳土地出让金，但土地使用者应缴纳征地拆迁安置、补偿费用等土地成本；②使用无限期，以划拨方式取得国有建设用地使用权的，没有期限的规定；③不得擅自处理，以划拨方式取得国有建设用地使用权的，不得从事转让、出租、抵押等经营活动，如果需要转让、出租、抵押的，应当办理国有建设土地出让手续或经政府批准。土地使用者不使用土地时，由政府无偿收回。

2. 国有建设用地划拨的范围限定

由于国有建设用地划拨时，土地使用者未向作为土地所有者的国家支付土地收益，且没有使用期限的限制，对于政府而言，国有建设用地划拨属于一种无偿的行政配置方式，因此法律政策对于划拨用地范围有严格限制。根据《中华人民共和国土地管理法》、《中华人民共和国城市房地产管理法》和《划拨用地目录》的规定，下列4类建设用地可由县级以上人民政府依法批准，采取划拨方式供地。

（1）国家机关用地和军事用地

国家机关用地是指：①国家权力机关，即全国人大及其常委会、地方人大及其常委会；②国家行政机关，即各级人民政府及其所属工作或职能部门；③国家审判机关，即各级人民法院；④国家检察机关，即各级人民检察院；⑤国家军事机关，即国家军队的机关等部门的用地。

军事用地是指军事设施用地和其他军事设施用地。军事设施用地包括指挥机关、地面和地下的指挥工程，作战工程；军用机场、港口、码头、营区、训练场、试验场；仓库；军用通信、侦察、导航、观测台站和测量、导航标志；军用公路、铁路专用线、军事通信线路等；输电、输油、管线等。

（2）城市基础设施用地和公益事业用地

城市基础设施用地是指城市给水、排水、污水处理、供电、通信、煤气、热力、道路、桥涵、市内公共交通、园林绿化、环境卫生、消防、路标、路灯等设施用地。

公益事业用地是指学校、医院、体育场馆、图书馆、文化馆、幼儿园、托儿所、敬老院、防疫站等文化、卫生、教育、福利事业用地。

（3）国家重点扶持的能源、交通、水利等基础设施用地

国家重点扶持的能源、交通、水利等基础设施用地是指，中央投资、中央和地方共同投资，以及国家采取各种优惠政策重点扶持的煤炭、石油、天然气、电力等能源，铁路、公路、港口、码头、机场等交通，水库、防洪、江河治理等水利项目用地。

（4）法律、行政法规规定的其他用地

按照国务院文件规定，经济适用住房、廉租住房用地可以划拨方式供地。

3. 划拨用地目录

按照法律规定,2001年,原国土资源部颁布了《划拨用地目录》(国土资源部令第9号),对划拨供地的范围进行了细化,将以下19小类国有建设用地纳入《划拨用地目录》。

①党政机关和人民团体用地;

②军事用地;

③城市基础设施用地;

④非营利性邮政设施用地;

⑤非营利性教育设施用地;

⑥公益性科研机构用地;

⑦非营利性体育设施用地;

⑧非营利性公共文化设施用地;

⑨非营利性医疗卫生设施用地;

⑩非营利性社会福利设施用地;

⑪石油天然气设施用地;

⑫煤炭设施用地;

⑬电力设施用地;

⑭水利设施用地;

⑮铁路交通设施用地;

⑯公路交通设施用地;

⑰水路交通设施用地;

⑱民用机场设施用地;

⑲特殊用地,包括监狱、劳教所、戒毒所、看守所、治安拘留所、收容教育所。

4. 划拨建设用地的使用

（1）按用途使用

根据《中华人民共和国土地管理法》《中华人民共和国城市房地产管理法》等法律、法规规定，以划拨方式取得中华人民共和国国有建设用地使用权的土地使用者，必须严格按照《中华人民共和国国有建设用地划拨决定书》和《建设用地批准书》中规定的划拨土地面积、土地用途、土地使用条件等内容来使用土地，不得擅自变更。

（2）改变用途

划拨国有建设用地使用权人需要改变批准土地用途的，应当经有关人民政府土地行政主管部门同意，报原批准用地的人民政府批准。改变后的用途符合《划拨用地目录》的，由市、县国土资源管理部门向土地使用者重新核发《中华人民共和国国有建设用地划拨决定书》；改变后的用途不再符合《划拨用地目录》的，划拨国有建设用地使用权人可以申请补缴出让金、租金等土地有偿使用费，办理土地使用权出让、租赁等有偿用地手续，但法律法规、行政规定等明确规定或《中华人民共和国国有建设用地划拨决定书》约定应当收回划拨国有建设用地使用权的除外。

5. 划拨国有建设用地使用权及其价格

（1）划拨建设用地使用权的概念

划拨国有建设用地使用权，是指经县级以上人民政府依法批准，土地使用者缴纳补偿、安置等费用但未缴纳土地有偿使用价款，以行政划拨方式取得的国有建设用地使用权。因历史原因，单位和个人以各种方式依照法律和有关政策取得国有建设用地使用权，未缴纳土地有偿使用价款的，视为拥有划拨国有建设用地使用权。

（2）划拨国有建设用地使用权价格的评定

划拨国有建设用地使用权是土地使用者的合法权益。与出让土地使用权相比，这是一种不完全权益，划拨国有建设用地使用权权益价格可以依据划拨土地的平均取得和开发成本评定。评定的划拨建设用地使用权价格，作为原土地使用者的权益，计入资产。此外，土地使用者依法取得的划拨土地设定抵押权时，划拨建设用地使用权价格也作为使用者的权益，计入抵押标的物；抵押权实现时，划拨建设用地使用权可转为出让建设用地使用权，在扣缴土地出让金后，抵押权人可优先受偿。

6. 划拨国有建设用地使用权的权能

现行法律规定，依法取得的划拨国有建设用地使用权，可以依法转让、出租和抵押。

（1）划拨国有建设用地使用权转让

所谓划拨国有建设用地使用权转让，是指划拨国有建设用地使用权人经依法批准后，通过买卖、交换、赠予、继承或者其他合法方式将其划拨国有建设用地使用权转移给他人的行为。以买卖、交换、赠予、继承或者其他合法方式转移划拨土地上的建筑物、构筑物的，其地上建筑物、构筑物占用范围内的土地的划拨国有建设用地使用权同时转让。

（2）划拨国有建设用地使用权出租

所谓划拨国有建设用地使用权出租，是指划拨国有建设用地使用权人作为出租人，将划拨国有建设用地使用权在一定期限内交付给承租人使用，并由承租人向出租人支付租金的行为。房屋等建筑物、构筑物出租的，其占用范围内划拨土地的土地使用权同时出租。房地产出租涉及划拨国有建设用地使用权的，按规定将租金中所含土地收益上缴国家。租金中所含土地收益，由市、县人民政府国土资源管理部门会同有关部门确定。出租无地上建筑物土地的划拨国有建设用地使用权，应当具有国有建设用地使用权证，并由划拨国有建设用地使用权人向市、县人民政府国土资源管理部门申请办理批准手续。

（3）划拨国有建设用地使用权抵押

所谓划拨国有建设用地使用权抵押，是指划拨国有建设用地使用权人将合法的划拨国有建设用地使用权以不转移占有的方式向抵押权人提供债务履行担保的行为。以依法取得的划拨土地上的房屋及其他定着物抵押，其占用范围内土地的划拨国有建设用地使用权同时抵押。以无地上建筑物、构筑物的划拨土地抵押的，应当经市、县人民政府自然资源管理部门批准。划拨国有建设用地使用权抵押价值，应当根据划拨国有建设用地使用权的权益价格合理确定。划拨国有建设用地使用权抵押，应当签订抵押合同，由核发国有土地使用权证的市、县自然资源管理部门办理抵押登记。抵押权实现时，应当依法拍卖，拍卖所得在缴纳出让金等土地有偿使用费后，由抵押权人优先受偿。

7. 划拨国有建设用地使用权的收回

以划拨方式取得的国有建设用地使用权，没有使用期限的限制，土地使用者可以无限期地使用。但在两种情形下，有关人民政府土地行政主管部门报经原批准用地的人民政府或有批准权的人民政府批准，可以收回划拨国有建设用地使用权。

（1）违反划拨决定书规定的开发时间

未按《中华人民共和国国有建设用地划拨决定书》规定的时间动工开发建设满两年的，市、县人民政府自然资源管理部门经市、县人民政府同意后，报经原批准供地的机关批准，收回划拨建设用地使用权。

（2）符合法定收回土地条件

符合法定收回条件的，由有关人民政府自然资源管理部门报经原批准供地的人民政府或者有批准权的人民政府批准，可以收回划拨国有建设用地使用权。具体分以下 5 类：

①为公共利益需要使用土地的；

②为实施城市规划进行旧城区改建，需要调整使用土地的；

③因单位撤销、迁移等原因，停止使用原划拨国有土地的；

④公路、铁路、机场、矿场等经核准报废的；

⑤法律、法规、行政规定等明确规定或《中华人民共和国国有建设用地划拨决定书》中约定应当收回的。

上述 5 种收回类型中，符合①②规定收回划拨国有建设用地使用权的，应当根据划拨国有建设用地使用权权益价格，对划拨国有建设用地使用权人给予补偿。

三、国有建设用地使用权出让政策

（一）国有建设用地使用权出让的概念

国有建设用地使用权出让，是指国家将国有建设用地使用权在一定年限内出让给土地使用者，由土地使用者向国家支付土地使用权出让金等费用的行为。

（二）国有建设用地使用权出让的法律规定

根据《中华人民共和国土地管理法》《中华人民共和国城市房地产管理法》等法律法规的有关规定，国有建设用地使用权出让，必须符合国土空间规划和年度建设用地计划，由土地所在地的市、县人民政府有计划、有步骤地进行。市、县人民政府土地行政主管部门应当根据社会经济发展计划、产业政策、国土空间规划、土地利用年度计划和土地市场状况，编制国有土地使用权出让计划，报经同级人民政府批准后，及时向社会公布，并具体组织实施。市、县人民政府土地行政主管部门应当按照出让计划，会同城市规划等部门共同拟订出让的每幅地块的用途、年限、规划条件和其他土地使用条件等方案，报经市、县人民政府批准后，由市、县人民政府土地行政主管部门具体组织实施。

根据《中华人民共和国城镇国有土地使用权出让和转让暂行条例》如下条例的规定。第十四条规定，土地使用者应当在签订土地使用权出让合同后六十日内，支付全部土地使用权出让金。逾期未全部支付的，出让方有权解除合同，并可请求违约赔偿。第十五条规定，出让方应当按照合同规定，提供出让的土地使用权。未按合同规定提供土地使用权的，土地使用者有权解除合同，并可请求违约赔偿。第十六条规定，土地使用者在支付全部土地使用权出让金后，应当依照规定办理登记，领取土地使用证，取得土地使用权。第十七条规定，土地使用者应当按照土地使用权出让合同的规定和城市规划的要求，开发、利用、经营土地。未按合同规定的期限和条件开发、利用土地的，市、县人民政府土地管理部门应当予以纠正，并根据情节可以给予警告、罚款直至无偿收回土地使用权的处罚。第十八条规定，土地使用者需要改变土地使用权出让合同规定的土地用途的，应当征得出让方同意并经土地管理部门和城市规划部门批准，依照有关规定重新签订土地使用权出让合同，调整土地使用权出让金，并办理登记。

（三）国有建设用地使用权出让的年限

根据《中华人民共和国城镇国有土地使用权出让和转让暂行条例》，土地使用权出让的最高年限按照土地用途确定：

①居住用地 70 年；

②工业用地 50 年；

③教育、科技、文化、卫生、体育用地 50 年；

④商业、旅游、娱乐用地 40 年；

⑤综合或者其他用地 50 年。

（四）国有建设用地使用权出让的方式

1. 招标拍卖挂牌出让方式

土地招标拍卖挂牌，简称土地"招拍挂"，是土地招标、土地拍卖、土地挂牌的统称。从理论上讲，土地招标拍卖挂牌是一种公开交易的方式，除了国有建设用地使用权可以采取这种交易方式外，其他土地权利的移转也可以采取这种交易方式，因此，土地招标拍卖挂牌实际上是一个相当宽泛的概念。

（1）招标出让国有建设用地使用权

招标出让国有建设用地使用权是指市、县人民政府自然资源行政主管部门发布招标公告，邀请特定或者不特定的自然人、法人和其他组织参加国有建设用地使用权投标，根据投标结果确定国有建设用地使用权人的行为。

（2）拍卖出让国有建设用地使用权

拍卖出让国有建设用地使用权是指市、县人民政府自然资源行政主管部门发布拍卖公告，由竞买人在指定时间、地点进行公开竞价，根据出价结果确定国有建设用地使用权人的行为。

（3）挂牌出让国有建设用地使用权

挂牌出让国有建设用地使用权是指市、县人民政府自然资源行政主管部门发布挂牌公告，按公告规定的期限将拟出让宗地的交易条件在指定的土地交易场所挂牌公布，接受竞买人的报价申请并更新挂牌价格，根据挂牌期限截止时的出价结果或者现场竞价结果确定国有建设用地使用权人的行为。

（4）招标拍卖挂牌出让的范围

法律法规规定必须采取招标拍卖挂牌出让的5种情形：一是政府供应的工业、商业、旅游、娱乐和商品住宅等各类经营性用地，必须采取招标拍卖挂牌方式；二是政府供应不属于上述5种用途的国有建设用地时存在竞争情形的，必须采取招标拍卖挂牌方式；三是原划拨土地使用权改变用途有明确规定应当收回土地使用权的，必须采取招标拍卖挂牌方式供应；四是划拨土地使用权转让有明确规定应当收回土地使用权后公开出让的，必须采取招标拍卖挂牌方式供应；五是出让土地使用权改变用途，明确应当收回土地使用权后公开出让的，必须采取招标拍卖挂牌方式供应。

2. 协议出让方式

所谓协议出让国有建设用地使用权，是指市、县自然资源管理部门以协议方式，将国有建设用地使用权在一定年限内出让给土地使用者，由土地使用者支付土地使用权出让金的一种行为。下列 5 种情形的国有建设用地使用权可以采用协议出让方式：

①供工业、商业、旅游、娱乐和商品住宅等各类经营性用地以外用途的土地，其供地计划公布后同一宗地只有一个意向用地者的，可以采取协议方式，这里的工业用地包括仓储用地，但不包括采矿用地；

②原划拨、承租土地使用权人申请办理协议出让，经依法批准，可以采取协议方式，但《中华人民共和国国有建设用地划拨决定书》、《国有土地租赁合同》、法律、法规、行政规定等明确应当收回土地使用权重新公开出让的除外；

③划拨土地使用权转让申请办理协议出让，经依法批准，可以采取协议方式，但《中华人民共和国国有建设用地划拨决定书》、法律、法规、行政规定等明确应当收回土地使用权重新公开出让的除外；

④出让土地使用权人申请续期，经审查准予续期的，可以采用协议方式；

⑤通过出让协调决策机构集体认定实行协议出让方式的，可以采取协议方式。

（五）出让土地使用权的权能

1. 出让土地使用权的取得

出让土地使用权是土地使用者通过出让方式取得的国有土地使用权。土地使用者应当依照其与市、县人民政府土地行政主管部门签订的国有建设用地使用权出让合同的约定，付清全部土地使用权出让金，并依法向县级以上人民政府土地行政主管部门申请土地使用权登记，领取国有土地使用证，依法取得出让国有土地使用权。

2. 出让土地的开发利用要求

土地使用者应当按照出让合同约定的土地用途和条件开发、利用和经营土地，需要改变土地使用权出让合同约定的土地用途的，必须取得出让方和市、县人民政府自然资源行政主管部门的同意，签订土地使用权出让合同变更协议或者重新签订土地使用权出让合同，相应调整土地使用权出让金。

3. 出让土地使用权的收回

国家对土地使用者依法取得的土地使用权，在出让合同约定的使用年限届满前不收回；在特殊情况下，根据社会公共利益的需要，可以依照法律程序提前收回，并根据土地使用者使用土地的实际年限和开发土地的实际情况给予相应的补偿。

4. 出让土地届满续期

土地使用权出让合同约定的使用年限届满，土地使用者需要继续使用土地的，应当至迟于届满前一年申请续期，除根据社会公共利益需要收回该幅土地的，应当予以批准。经批准准予续期的，应当重新签订土地使用权出让合同，依照规定支付土地使用权出让金。土地使用权出让合同约定的使用年限届满，土地使用者未申请续期或者虽申请续期但依照前款规定未获批准的，土地使用权由国家无偿收回。

5. 出让土地使用权的条件

在土地出让年期内，土地使用者有权将其依法取得的出让土地使用权转让、出租、抵押，但首次转让应当符合下列条件：

①按照出让合同约定已经支付全部土地使用权出让金，并取得土地使用权证；

②按照出让合同约定进行投资开发，属于房屋建设工程的，完成开发投资总额的 25% 以上，属于成片开发土地的，形成工业用地或者其他建设用地条件。转让土地使用权时房屋已经建成的，还应持有房屋所有权证。出让土地使用权转让，应当签订书面转让合同，原土地使用权出让合同载明的权利、义务随之转移。转让后，其土地使用权的使用年限为原土地使用权出让合同约定的使用年限减去原土地使用者已经使用年限后的剩余年限。

（六）出让土地使用权的程序

根据《招标拍卖挂牌出让国有建设用地使用权规定》（国土资源部令第 39 号，2007 年）第五条规定，国有建设用地使用权招标、拍卖或者挂牌出让活动，应当有计划地进行。市、县人民政府国土资源行政主管部门根据经济社会发展计划、产业政策、土地利用总体规划、土地利用年度计划、城市规划和土地市场状况，编制国有建设用地使用权出让年度计划，报经同级人民政府批准后，及时向社会公开发布。第六条规定，市、县人民政府国土资源行政主管部门应当按照出让年度计划，会同城市规划等有关部门共同拟订拟招标拍卖挂牌出让地块的出让方案，报经市、县人民政府批准后，由市、县人民政府国土资源行政主管部门组织实施。出让方案应当包括出让地块的空间范围、用途、年限、出让方式、时间和其他条件等。第七条规定，出让人应当根据招标拍卖挂牌出让地块的情况，编制招标拍卖挂牌出让文件。招标拍卖挂牌出让文件应当包括出让公告、投标或者竞买须知、土地使用条件、标书或者竞买申请书、报价单、中标通知书或者成交确认书、国有建设用地使用权出让合同文本。第八条规定，出让人应当至少在投标、拍卖或者挂牌开始日前 20 日，在土地有形市场或者指定的场所、媒介发布招标、拍卖或者挂牌公告，公布招标拍卖挂牌出让宗地的基本情况和招标拍卖挂牌的时间、地点。

1. 投标、开标程序

①投标人在投标截止时间前将标书投入标箱。招标公告允许邮寄标书的，投标人可以邮寄，出让人在投标截止时间前收到的方为有效。标书投入标箱后，不可撤回。投标人应当对标书和有关书面承诺承担责任。

②出让人按照招标公告规定的时间、地点开标，邀请所有投标人参加。由投标人或者其推选的代表检查标箱的密封情况，当众开启标箱，点算标书。投标人少于 3 人的，出让人应当终止招标活动。投标人不少于 3 人的，应当逐一宣布投标人名称、投标价格和投标文件的主要内容。

③评标小组进行评标。评标小组由出让人代表、有关专家组成，成员人数为 5 人以上的单数。评标小组可以要求投标人对投标文件做出必要的澄清或者说明，但是澄清或者说明不得超出投标文件的范围或者改变投标文件的实质性内容。评标小组应当按照招标文件确定的评标标准和方法，对投标文件进行评审。

④招标人根据评标结果，确定中标人。按照价高者得的原则确定中标人的，可以不成立评标小组，由招标主持人根据开标结果，确定中标人。对能够最大限度地满足招标文件中规定的各项综合评价标准，或者能够满足招标文件的实质性要求且价格最高的投标人，应当确定为中标人。

2. 拍卖会程序

①主持人点算竞买人；

②主持人介绍拍卖宗地的面积、界址、空间范围、现状、用途、使用年期、规划指标要求、开工和竣工时间及其他有关事项；

③主持人宣布起叫价和增价规则及增价幅度，没有底价的，应当明确提示；

④主持人报出起叫价；

⑤竞买人举牌应价或者报价；

⑥主持人确认该应价或者报价后继续竞价；

⑦主持人连续 3 次宣布同一应价或者报价而没有再应价或者报价的，主持人落槌表示拍卖成交；

⑧主持人宣布最高应价或者报价者为竞得人。

竞买人的最高应价或者报价未达到底价时，主持人应当终止拍卖。拍卖主持人在拍卖中可以根据竞买人竞价情况调整拍卖增价幅度。

3. 挂牌程序

①在挂牌公告规定的挂牌起始日，出让人将挂牌宗地的面积、界址、空间范围、现状、用途、使用年期、规划指标要求、开工时间和竣工时间、起始价、增价规则及增价幅度等，在挂牌公告规定的土地交易场所挂牌公布；

②符合条件的竞买人填写报价单报价；

③挂牌主持人确认该报价后，更新显示挂牌价格；

④挂牌主持人在挂牌公告规定的挂牌截止时间确定竞得人。

挂牌时间不得少于 10 日。挂牌期间可根据竞买人竞价情况调整增价幅度。挂牌截止应当由挂牌主持人主持确定。挂牌期限届满，挂牌主持人现场宣布最高报价及其报价者，并询问竞买人是否愿意继续竞价。有竞买人表示愿意继续竞价的，挂牌出让转入现场竞价，通过现场竞价确定竞得人。挂牌主持人连续 3 次报出最高挂牌价格，没有竞买人表示愿意继续竞价的，按照下列规定确定是否成交：

①在挂牌期限内只有一个竞买人报价，且报价不低于底价，并符合其他条件的，挂牌成交；

②在挂牌期限内有两个或者两个以上的竞买人报价的，出价最高者为竞得人，报价相同的，先提交报价单者为竞得人，但报价低于底价者除外；

③在挂牌期限内无应价者或者竞买人的报价均低于底价或者均不符合其他条件的，挂牌不成交。

《招标拍卖挂牌出让国有建设用地使用权规定》第二十条规

定，以招标、拍卖或者挂牌方式确定中标人、竞得人后，中标人、竞得人支付的投标、竞买保证金，转作受让地块的定金。出让人应当向中标人发出中标通知书或者与竞得人签订成交确认书。中标通知书或者成交确认书应当包括出让人和中标人或者竞得人的名称，出让标的，成交时间、地点、价款，以及签订国有建设用地使用权出让合同的时间、地点等内容。中标通知书或者成交确认书对出让人和中标人或者竞得人具有法律效力。出让人改变竞得结果，或者中标人、竞得人放弃中标宗地、竞得宗地的，应当依法承担责任。第二十一条规定，中标人、竞得人应当按照中标通知书或者成交确认书约定的时间，与出让人签订国有建设用地使用权出让合同。中标人、竞得人支付的投标、竞买保证金抵作土地出让价款；其他投标人、竞买人支付的投标、竞买保证金，出让人必须在招标拍卖挂牌活动结束后 5 个工作日内予以退还，不计利息。第二十二条规定，招标拍卖挂牌活动结束后，出让人应在 10 个工作日内将招标拍卖挂牌出让结果在土地有形市场或者指定的场所、媒介公布。出让人公布出让结果，不得向受让人收取费用。第二十三条规定，受让人依照国有建设用地使用权出让合同的约定付清全部土地出让价款后，方可申请办理土地登记，领取国有建设用地使用权证。未按出让合同约定缴清全部土地出让价款的，不得发放国有建设用地使用权证，也不得按出让价款缴纳比例分割发放国有建设用地使用权证。

4. 协议出让程序

根据《协议出让国有土地使用权规定》（国土资源部令第 21 号，2003 年）规定，协议出让土地使用权程序如下：

①市、县人民政府国土资源行政主管部门应当根据经济社会发展计划、国家产业政策、土地利用总体规划、土地利用年度计划、城市规划和土地市场状况，编制国有土地使用权出让计划，报同级人民政府批准后组织实施。国有土地使用权出让计划经批准后，市、县人民政府国土资源行政主管部门应当在土地有形市场等指定场所，或者通过报纸、互联网等媒介向社会公布。因特殊原因，需要对国有土地使用权出让计划进行调整的，应当报原批准机关批准，并按照前款规定及时向社会公布。国有土地使用权出让计划应当包括年度土地供应总量、不同用途土地供应面积、地段及供地时间等内容。

②国有土地使用权出让计划公布后，需要使用土地的单位和个人可以根据国有土地使用权出让计划，在市、县人民政府国土资源行政主管部门公布的时限内，向市、县人民政府国土资源行政主管部门提出意向用地申请。市、县人民政府国土资源行政主管部门公布计划接受申请的时间不得少于30日。

③在公布的地段上，同一地块只有一个意向用地者的，市、县人民政府国土资源行政主管部门方可按照本规定采取协议方式出让；但商业、旅游、娱乐和商品住宅等经营性用地除外。同一地块有两个或者两个以上意向用地者的，市、县人民政府国土资源行政主管部门应当按照《招标拍卖挂牌出让国有土地使用权规定》，采取招标、拍卖或者挂牌方式出让。

④对符合协议出让条件的，市、县人民政府国土资源行政主管部门会同城市规划等有关部门，依据国有土地使用权出让计划、城市规划和意向用地者申请的用地项目类型、规模等，制订

协议出让土地方案。协议出让土地方案应当包括拟出让地块的具体位置、界址、用途、面积、年限、土地使用条件、规划设计条件、供地时间等。

⑤市、县人民政府国土资源行政主管部门应当根据国家产业政策和拟出让地块的情况，按照《城镇土地估价规程》的规定，对拟出让地块的土地价格进行评估，经市、县人民政府国土资源行政主管部门集体决策，合理确定协议出让底价。协议出让底价不得低于协议出让最低价。协议出让底价确定后应当保密，任何单位和个人不得泄露。

⑥协议出让土地方案和底价经有批准权的人民政府批准后，市、县人民政府国土资源行政主管部门应当与意向用地者就土地出让价格等进行充分协商，协商一致且议定的出让价格不低于出让底价的，方可达成协议。

⑦市、县人民政府国土资源行政主管部门应当根据协议结果，与意向用地者签订《国有土地使用权出让合同》。

⑧《国有土地使用权出让合同》签订后7日内，市、县人民政府国土资源行政主管部门应当将协议出让结果在土地有形市场等指定场所，或者通过报纸、互联网等媒介向社会公布，接受社会监督。公布协议出让结果的时间不得少于15日。

⑨土地使用者按照《国有土地使用权出让合同》的约定，付清土地使用权出让金、依法办理土地登记手续后，取得国有土地使用权。

四、国有建设用地租赁政策

（一）国有建设用地租赁政策的产生和发展

所谓国有土地租赁，是指国家将国有土地出租给使用者使用，由使用者与县级以上人民政府土地行政主管部门签订一定年期的土地租赁合同，并支付租金的行为。1979 年以来，国有土地租赁政策从无到有，不断完善，最后成为国有土地有偿使用制度的重要内容并写入法律法规。租赁政策的产生和发展大致经过了3 个发展阶段。

1. 实践阶段

1979 年颁布的《中华人民共和国中外合作经营企业法》，首次提出向外商投资企业收取场地使用费，这实际上可看作国家向外商投资企业出租土地，并收取租金，但当时尚未提出国家土地租赁的概念。

2. 国有企业改制中划拨土地采取租赁方式处置政策

主要有以下 3 个政策文件。

① 1993 年原国家土地管理局、国家经济体制改革委员会《关于境外上市的股份制试点企业土地资产管理若干问题的通知》（〔1993〕国土〔籍〕字第 167 号，目前已废止），第一次明确股份制企业改制中国有土地资产处置可以实行租赁方式，即"国家以租赁方式将土地使用权租赁给股份制企业有偿使用，每年收取相应的租金"。改制企业可以灵活选择出让和租赁方式处置其划拨土地资产。

② 1994 年原国家土地管理局、国家经济体制改革委员会颁布

的《股份有限公司土地使用权管理暂行规定》(〔1994〕国土〔法〕字第153号，目前已废止)进一步确认了企业改制中可以采用国家出租方式处置土地资产，并要求必须签订租赁合同，但同时又规定以租赁方式使用的土地不得转让、出租、抵押。

③1998年颁布的《国有企业改革中划拨土地使用权管理暂行规定》(国家土地管理局令第8号)，对国有土地租赁内含及其权利义务内容做了进一步明确，主要内容是：国有土地租赁是指土地使用者与县级以上人民政府土地管理部门签订一定年期的土地租赁合同，并支付租金的行为；经出租方同意，土地租赁合同可以转让，改变原合同规定的使用条件，应当重新签订土地租赁合同，签订土地租赁合同和转让土地租赁合同应当办理土地登记和变更登记手续；租赁土地上的房屋等建筑物、构筑物可以依法抵押，抵押权实现时，土地租赁合同同时转让。

3. 国有建设用地租赁政策上升为国家法规政策

主要涉及3类，一是1999年1月1日施行的《中华人民共和国土地管理法实施条例》第二十九条规定：国有土地有偿使用方式包括国有土地使用权出让、国有土地租赁、国有土地使用权作价出资或者入股。《中华人民共和国土地管理法实施条例》的发布实施，首次从法规角度明确国家可以出租方式向用地者有偿提供土地，国有土地租赁成为法定的土地有偿使用方式，我国国有土地租赁制度在法律上得以确立。在国有企业改制中应运而生的国有土地租赁政策，经过企业改制的不断实践，上升为国有土地有偿使用的一种法定方式，成为对我国国有土地资产管理具有普遍约束力的基本制度。

二是 1999 年 7 月原国土资源部发布实施的《规范国有土地租赁若干意见》，进一步细化了国有土地租赁的原则、范围及政策内容。成为迄今为止国家层面最全面系统规范国有建设用地租赁管理的政策性文件。

三是在招标拍卖挂牌出让国有建设用地、协议出让国有建设用地等规范国有建设用地使用权出让的政策、标准、规范中，大都同时规定，租赁国有建设用地使用权的，参照相应的出让政策执行。

（二）国有建设用地租赁政策的主要内容

1. 国有建设用地租赁的适用范围

①对于使用者目前使用的划拨用地，依法可以划拨使用的仍应维持划拨，可不实行有偿使用，也不实行土地租赁；

②对因改变土地用途或发生转让、场地出租、企业改制和土地用途改变后不再符合划拨用地目录的，可以实行租赁；

③对于使用者申请建设用地进行商品住宅开发的，必须实行出让，不实行国有土地租赁；

④对于使用者申请建设用地进行非经营性开发的，依法应当有偿使用的，可采用国有土地租赁，也可采用法律规定的其他有偿使用方式；

⑤国有企业破产或出售时，所涉及的划拨土地使用权，采取出让方式处置，不实行租赁。

也就是说，除了商品住宅用地和国有企业破产涉及划拨土地使用权处置必须采取出让方式外，其他建设用地使用和原划拨土地处置，既可以采取出让方式，也可以采取国有土地租赁方式。

2. 国有建设用地租赁方式

①国有土地拍卖租赁方式；

②国有土地招标租赁方式；

③国有土地挂牌租赁方式；

④国有土地协议租赁方式。

3. 国有建设用地租赁年限

国有建设用地租赁可以根据具体情况实行短期租赁和长期租赁。对短期使用或用于修建临时建筑物的土地，应实行短期租赁，短期租赁年限一般不超过 5 年；对需要进行地上建筑物、构筑物建设后长期使用的土地，应实行长期租赁，具体租赁期限由租赁合同约定，但最长租赁期限不得超过法律规定的同类用途土地出让最高年期。

4. 国有建设用地租金标准

国有建设用地租金标准应与地价标准相均衡。承租人取得土地使用权时未支付其他土地费用的，租金标准应按全额地价折算；承租人取得土地使用权时支付了征地、拆迁等土地费用的，租金标准应按扣除有关费用后的地价余额折算。采用短期租赁的，一般按年度或季度支付租金；采用长期租赁的，应在国有土地租赁合同中明确约定土地租金支付时间、租金调整的时间间隔和调整方式。

5. 承租土地使用权的权能

国有土地租赁，承租人取得承租土地使用权。承租人在按规定支付土地租金并完成开发建设后，经土地行政主管部门同意或根据租赁合同约定，可将承租土地使用权转租、转让或抵押。承租土地使用权转租、转让或抵押，必须依法登记。承租土地使用权的权能内容主要包括：

①承租人将承租土地转租、分租给第三人的，承租人与国家之间的租赁合同继续有效，承租土地使用权仍由原承租人持有，承租人与第三人建立了附加租赁关系，第三人取得土地的他项权利；

②承租人转让土地租赁合同的，租赁合同约定的权利义务随之转给第三人，承租土地使用权由第三人取得，租赁合同经更名后继续有效；

③地上房屋等建筑物、构筑物依法抵押，承租土地使用权可随之抵押，但承租土地使用权只能按合同租金与市场租金的差值及租期估价，抵押权实现时土地租赁合同同时转让；

④在使用年期内，承租人有优先受让权，租赁土地在办理出让手续后，终止租赁关系。

6. 承租土地使用权的收回及补偿

承租土地使用权的收回，主要有以下几种情况：

①国家对土地使用者依法取得的承租土地使用权，在租赁合同约定的使用年限届满前不收回；因社会公共利益的需要，依照法律程序提前收回的，应对承租人给予合理补偿。

②承租土地使用权期满，承租人可申请续期，除根据社会公共利益需要收回该幅土地的，应予批准。未申请续期或者申请续期但未获批准的，承租土地使用权由国家依法无偿收回，并可要求承租人拆除地上建筑物、构筑物，恢复土地原状。

③承租人未按合同约定开发建设、未经土地行政主管部门同意转让、转租或不按合同约定按时交纳土地租金的，土地行政主管部门可以解除合同，依法收回承租土地使用权。

7. 国有土地租金使用管理

收取的土地租金应当参照国有土地出让金的管理办法进行管理，按规定纳入当地国有土地有偿使用收入，专项用于城市基础设施建设和土地开发。

五、国有建设用地使用权作价出资（入股）相关政策

（一）国有土地使用权作价出资（入股）相关政策的内涵和特点

1. 内涵

国有土地作价出资（入股）是国家以土地使用权作价出资（入股）的简称。国有土地使用权作价出资（入股），是指国家以一定年期的国有土地使用权作价，作为出资投入改制后的新设企业，该土地使用权由新设企业持有。土地使用权作价出资（入股）形成的国家股权，按照国有资产投资主体由有批准权的人民政府土地管理部门委托有资格的国有股权持有单位统一持有，可以依照土地管理法律、法规关于出让土地使用权的规定转让、出租、抵押。

从性质上讲，作价出资方式和作价入股方式没有实质的区别，都是国家将土地使用作价投入改制后的新设企业。二者的细微区别在于：国家作价出资方式适用于新设企业为有限责任公

司，国家作价入股方式则适用于新设企业为股份有限公司。

2. 特点

现行政策规定，对于自然垄断的行业、提供重要公共产品和服务的行业，以及支柱产业和高新技术产业中的重要骨干企业，主要采用授权经营和国家作价出资（入股）方式配置土地，国家以作价转为国家资本金或股本金的方式，向集团公司或企业注入土地资产。可以看出，作价出资（入股）政策的一个最大特点是非货币交易，即企业取得土地使用权的同时，国家没有收取相应的土地价款，而是把这部分价款作为国家资本金又投向了企业。这与企业必须缴纳出让金或租金的方式相比，改制企业实质上是在没有缴纳数额较大的地价款的条件下，取得了可以自主处置的土地使用权。因此，作价出资（入股）和授权经营政策具有非货币交易的特点。

（二）作价出资（入股）政策的产生和发展

1. 政策的提出

国有企业改制土地作价出资（入股）政策的提出，始于1992年，并于1993年付诸实践。1992年7月9日，《国家土地管理局、国家体改委关于印发〈股份制试点企业土地资产管理暂行规定〉的通知》要求：改组或新设股份制企业时，涉及的国有使用权必须作价入股。土地使用权的价格由县级以上人民政府土地管理部门组织评估，并报县级以上人民政府审核批准后，作为核定的土地资产金额。首次提出国有企业实行股份制改造必须实行土地资产作价出资（入股）的处置政策。

同年，中国石油化工总公司所属的上海石油化工总厂被批准"改组为股份有限公司，作为国家的股份制试点企业，股票公开发行和上市交易"，股份制改组涉及的"财务会计、业绩评价、利税上缴衔接、资产评估工作，由财政部、国家国有资产管理局、国家税务局、国家土地管理局负责"。上海石油化工总厂的股份制改革，为土地作价出资（入股）政策参与国有企业改制提供了契机。1993年，在《国家土地管理局关于对上海石油化工总厂股份制改制中国有土地评估结果确认及其他有关问题的批复》（1993年国土函字第113号）中明确：上海石油化工总厂投入股份公司的国有土地共90宗、总面积703万平方米，土地资产评估价值199 416万元。土地资产按5亿元作为国家股投入股份公司。股份公司按国家有关规定到当地土地管理部门办理变更土地登记手续，换发土地证，获得对上述土地50年的使用权（土地用途为工业用地），其权利和义务可参照《中华人民共和国城镇国有土地使用权出让和转让暂行条例》有关规定办理。实行股份制改制的上海石油化工总厂成为国有企业改制土地资产处置政策提出后，我国第一家以作价出资（入股）方式处置国有土地的改制企业。

2. 政策的规范

1993年，原国家土地管理局、原国家体改委联合印发《关于到境外上市的股份制试点企业土地资产管理若干问题的通知》，第一次对两种类型的国有土地使用权作价入股进行了界定：一是国家直接以国有土地使用权作价出资（入股），即国家以一定年限的国有土地使用权作价入股，土地资产折为国家股。中央直属企业由国家指定的国有土地资产持股单位向国家土地管理局直接提出申请，地方企业由省（自治区、直辖市）政府指定的土地资产持股单位向省级土地管理部门提出申请，省级土地管理部门审核后报国家土地管理局，经国家土地管理审查批准后，凭批准文件才能作价入股。二是国有土地先出让再作价入股，即企业以出让方式取得的土地使用权作价入股，土地资产折为法人股。试点企业依法办理土地使用权出让手续，签订出让合同并交付国有土地使用权出让金后，可以以土地使用权向股份公司折价入股。至此，作价出资入股作为我国国有企业改制土地资产处置的重要政策被确定下来。

在总结股份制试点企业土地使用权管理经验的基础上，1994年原国家土地管理局、国家体改委下发了《股份有限公司土地使用权管理暂行规定》[国土（法）字〔1994〕第 153 号]，对国有企业股份制改制中国有土地使用权出让政策、租赁政策和国家作价出资（入股）政策进行了规范。

3. 政策形成法律

1998 年，《国有企业改革中划拨土地使用权管理暂行规定》对国家作价出资（入股）政策的内涵进行了明确解释。1999 年，《中华人民共和国土地管理法实施条例》将国有土地使用权作价出资或者入股明确为土地有偿使用方式之一。与租赁政策一样，源于企业改制的作价出资（入股）政策，成为国有土地有偿使用的法定政策。

（三）作价出资（入股）政策的主要内容

1.《中华人民共和国土地管理法实施条例》

第二十九条规定：国有土地有偿使用的方式包括国有土地使

用权出让、国有土地租赁和国有土地使用权作价出资或者入股。

2.《国有企业改革中划拨土地使用权管理暂行规定》(国家土地管理局令第8号)

主要内容如下。

（1）政策方向

《国有企业改革中划拨土地使用权管理暂行规定》第三条规定：国有企业使用的划拨土地使用权，应当依法逐步实行有偿使用制度。对国有企业改革中涉及的划拨土地使用权，根据企业改革的不同形式和具体情况，可分别采取国有土地使用权出让、国有土地租赁、国家以土地使用权作价出资（入股）和保留划拨用地方式予以处置。

（2）政策内容界定

国家以土地使用权作价出资（入股），是指国家以一定年期的国有土地使用权作价，作为出资投入改组后的新设企业，该土地使用权由新设企业持有，可以依照土地管理法律、法规关于出让土地使用权的规定转让、出租、抵押。土地使用权作价出资（入股）形成的国家股权，按照国有资产投资主体由有批准权的人民政府土地管理部门委托有资格的国有股权持股单位统一持有。

（3）审批权限

经省级以上人民政府批准，国有企业改制中涉及的划拨土地使用权，可以采取国家作价出资（入股）方式配置给改制后新设立的企业。

（4）土地权能

新设立的企业拥有的作价出资（入股）土地使用权，可以依照法律法规关于出让土地使用权的规定转让、出租或抵押。

（5）土地产权

采取国家以土地使用权作价出资（入股）方式处置的，企业应持原国家土地管理局或省级人民政府土地管理部门签署的土地使用权处置批准文件及作价出资（入股）决定书，按规定办理土地登记手续。

3.《关于印发〈国土资源部关于加强土地资产管理促进国有企业改革和发展的若干意见〉的通知》（国土资发〔1999〕433号）

该规定中有关国有土地使用权作价出资入股的政策如下。

（1）政策适用范围

①对于自然垄断的行业、提供重要公共产品和服务的行业，以及支柱产业和高新技术产业中的重要骨干企业，根据企业改革和发展的需要，主要采用授权经营和国家作价出资（入股）方式配置土地，国家以作价转为国家资本金或股本金的方式，向集团公司或企业注入土地资产。

②对承担国家计划内重点技术改造项目的国有企业，原划拨土地可继续以划拨方式使用，也可以作价出资（入股）方式向企业注入土地资产。

（2）与其他处置政策的关系

深化土地使用制度改革，完善和协调出让、租赁、作价出资（入股）、授权经营等不同处置方式之间的权责关系，降低国有企业土地资产配置的直接成本。国有企业改革时，可按规定自主选择土地资产处置方式，鼓励以货币、资本、股本等多种形态综合实现土地资产价值。

（3）土地收益转增国家资本金

土地资产处置时，要考虑划拨土地使用权的平均取得和开发投入成本，合理确定土地作价水平。采用授权经营、作价出资（入股）方式处置土地资产的，按政府应收取的土地出让金额计作国家资本金或股本金。

（4）土地权能

进一步明确了国家作价出资（入股）和授权经营土地使用权的权益。以作价出资（入股）方式处置的，土地使用权在使用年期内可依法转让、作价出资、租赁或抵押，改变用途的应补缴不同用途的土地出让金差价；以授权经营方式处置的，土地使用权在使用年期内可依法作价出资（入股）、租赁，或在集团公司直属企业、按股企业、参股企业之间转让，但改变用途或向集团公司以外的单位或个人转让时，应报经土地行政主管部门批准，并补缴土地出让金。

（5）与场地使用费政策相衔接

进一步明确外商投资企业用地政策，鼓励国有企业合理利用外资"嫁接改造"。国有企业与外资进行合资、合作，凡以出让、租赁、国家作价出资（入股）方式取得土地使用权的，不再另行缴纳场地使用费。

4.《部关于改革土地估价结果确认和土地资产处置审批办法的通知》（国土资发〔2001〕44号）

主要内容如下。

（1）进一步规范了国家作价出资（入股）、授权经营处置方式的使用

①对于省级以上人民政府批准实行授权经营或国家控股公司试点的企业，方可采用授权经营或国家作价出资（入股）方式配置土地。其中，经国务院批准改制的企业，土地资产处置方案应报原国土资源部审批，其他企业的土地资产处置方案应报土地所在的省级土地行政主管部门审批。

②为方便与有关部门衔接，同一企业涉及在两个以上省（自治区、直辖市）审批土地资产处置的，企业可持有关省（自治区、直辖市）的处置批准文件到国务院土地行政主管部门转办统一的公函。

（2）进一步细化了土地资产处置方案报批程序

①改制企业根据省级以上人民政府关于授权经营或国家控股公司试点的批准文件，拟订土地资产处置总体方案，向有批准权的土地行政主管部门申请核准；

②土地资产处置总体方案核准后，企业应自主委托具备相应土地估价资质的机构进行评估，并依据土地状况和估价结果，拟订土地资产处置的具体方案；

③企业向市、县土地行政主管部门申请初审，市、县土地行政主管部门对土地产权状况、地价水平进行审查并出具意见；

④企业持改制方案、土地估价报告、土地资产处置具体方案和初审意见，到有批准权的土地行政主管部门办理土地估价报告备案和土地资产处置审批；

⑤企业持处置批准文件在财政部门办理国有资本金转增手续后，到土地所在的市、县土地行政主管部门办理土地变更登记。

（四）国有建设用地授权经营政策

国有建设用地授权经营是指根据需要，国家将一定年期的国有土地使用权作价后授权给经国务院批准设立的国家控股公司、作为国家授权投资机构的国有独资公司和集团公司经营管理。土地使用权人依法取得授权经营土地使用权后，可以向其直属企业、控股企业、参股企业以作价出资（入股）或租赁等方式配置土地。授权经营政策的适用范围、审批权限、管理程序与作价出资（入股）政策一致。

六、国有建设用地划拨、出让、租赁、作价出资政策分析

经过 40 多年的努力，国有建设用地划拨、出让、租赁、作价出资政策作为规范国有建设用地的基本政策制度，在我国土地市场的形成、发展中发挥了基础作用。

（一）国有土地规范运行制度框架基本确立

确立了以国有建设用地使用权为核心的产权制度，建立了以有偿使用、交易管理、监管调控、市场服务为主要内容的土地市场基本制度框架。

1. 建立了国有土地使用权划拨、出让、转让、出租、抵押、作价出资（入股）等制度

1988 年《中华人民共和国宪法》第一次修正，提出土地使用权可以依法转让；同年修订的《中华人民共和国土地管理法》规定国家依法实行国有土地有偿使用制度，为在土地公有制基础上

的土地有偿使用提供了法律依据。之后相继出台的《中华人民共和国城镇国有土地使用权出让和转让暂行条例》《中华人民共和国城市房地产管理法》和《中华人民共和国土地管理法实施条例》，进一步明确了国有土地有偿使用方式。原国土资源部先后发布的《划拨用地目录》《招标拍卖挂牌出让国有土地使用权规定》和《协议出让国有土地使用权规定》，进一步规范了政府划拨、出让国有土地使用权的行为，确立了协议、招标、拍卖、挂牌出让制度。土地市场规范运行的制度和政策体系基本确立。

2. 以供给、需求、价格管理和监管服务为主要内容的土地市场监管体系基本形成

适应国有建设用地使用权划拨、出让、租赁、作价出资政策要求如下。

一是在国有建设用地供给管理方面，形成了主要包括土地利用规划和土地利用年度计划、农用地转用制度、土地征收制度、土地储备制度、限制用地项目目录、禁止用地项目目录和划拨用地目录等管理制度。在需求管理方面，建立了城镇土地使用税、房产税、耕地占用税、土地增值税、契税、新增建设用地有偿使用费等税费调控体系。

二是初步建立了节约集约用地控制和评价指标体系，土地政策参与宏观调控的手段与方法得到完善。保障土地资源资产的节约集约利用。

三是在价格管理方面，建立了土地价格评估制度，基准地价、标定地价确定和定期更新、公布制度，协议出让国有土地使用权最低价制度，全国工业用地最低出让价控制标准，交易价格申报制度等，为国有土地资源资产有偿使用提供了重要的价值尺度。

四是在监管服务方面，建立了土地市场和城市地价动态监测体系，建立了土地价格评估、土地登记代理等市场中介服务制度，建立了土地市场信息发布制度，建立了土地有形市场，促进了土地使用权规范交易。

（二）多层次的土地市场体系基本形成，市场成为土地资源配置的主要方式

1. 形成了土地一级、二级市场

国有建设用地使用权划拨、出让、出租、作价出资（入股）等制度实施的结果，直接形成了由出让、出租、作价出资（入股）等方式构成的土地一级市场，由转让、出租、抵押、作价出资（入股）等方式构成的土地二级市场。

2. 市场配置土地资源的决定性作用得到有效发挥

我国土地资源配置从单一的无偿、无期限、无流动的行政配置方式成功地过渡到了以有偿、有限期、有流动的市场配置为主、行政配置为辅的方式。随着市场的完善，划拨用地总量逐渐缩小，有偿用地总量逐渐处于主导地位。与此同时，以土地使用权转让、出租、抵押为主体的土地二级市场也从无到有，迅速发展。

（三）土地权利体系进一步细化和明确

形成了由《中华人民共和国土地管理法》《中华人民共和国城市房地产管理法》《划拨土地使用权管理暂行办法》《招标拍卖挂牌出让国有土地使用权规定》《不动产登记暂行条例》等一系列法

律规范构筑而成的中国特色土地权利体系，包括土地所有权、建设用地使用权、土地承包经营权、宅基地使用权、地役权、土地抵押权。

（四）土地资源利用效率显著提高

随着土地资源资产有偿使用和市场化程度的不断提高，单位GDP 和固定资产投资规模增长消耗的新增建设用地逐步降低。

（五）土地资产效应得以充分发挥

国有土地资源资产化进程的加快，为我国经济社会持续、快速、健康发展提供了大量的资金支持。通过依法处置国有企业土地资产，盘活了存量土地，激发了企业的活力。通过开征新增建设用地有偿使用费，调整土地收入使用方向等措施，为新增耕地、保护被征地农民利益、保障城市低收入家庭住房提供了资金支持。

（六）促进了社会主义市场经济体系的完善

从历史来看，在 20 世纪末和 21 世纪前十年，划拨、出让、租赁、作价出资等国有建设用地政策的建立和完善，对我国社会主义市场经济体制的建立起到了积极的促进作用。与实行有计划的商品经济、发挥市场在资源配置中的决定性作用到发挥市场在资源配置中的决定性作用的社会主义市场经济发展轨迹相适应，我国国有建设用地使用政策也走过了以划拨供地为主到以有偿使用和市场配置为主的发展历程，国有建设用地划拨、出让、租赁、作价出资政策作为土地使用制度的具体内容，进而成为中国特色社会主义市场经济制度的构成部分。

第三章　矿业权出让转让法律政策及其主要内容

一、矿产资源出让转让法律政策

近年来，国家先后出台一系列矿产资源管理的法律法规和政策，成为矿产资源有偿使用的直接政策依据。

（一）法律法规规章

①《中华人民共和国宪法》（2018 年 3 月 11 日，第十三届全国人民代表大会第一次会议通过的《中华人民共和国宪法修正案》修正）；

②《中华人民共和国矿产资源法》[1986 年 3 月 19 日，第六届全国人民代表大会常务委员会第十五次会议通过，根据 1996 年 8 月 29 日第八届全国人民代表大会常务委员会第二十一次会议《关于修改〈中华人民共和国矿产资源法〉的决定》第一次修正，根据 2009 年 8 月 27 日第十一届全国人民代表大会常务委员会第十次会议通过的《关于修改部分法律的决定》第二次修正]；

③《中华人民共和国矿产资源法实施细则》（1994 年 3 月 26 日，国务院令第 152 号）。

（二）规范性文件

①《探矿权采矿权转让管理办法》（国务院令第 242 号）；

②《国土资源部关于进一步规范矿业权出让管理的通知》（国土资发〔2006〕12 号）。

二、矿产资源有偿使用

（一）矿产资源产权体系

我国矿产资源产权主要包括矿产资源所有权、矿产资源使用权和矿产资源他项权 3 类，矿产资源所有权属国家所有；矿产资源使用权即矿业权，包括探矿权和采矿权；矿产资源他项权包括抵押权、出租权等（图 3–1）。

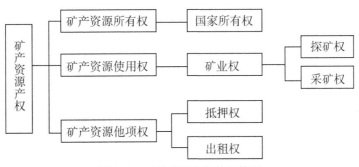

图 3–1 矿产资源产权体系构架

（二）矿业权、矿业权人和矿业权权能

1. 矿业权

现行法律政策规定，在中华人民共和国领域及其管辖海域出让、转让矿业权适用本规定。探矿权、采矿权为财产权统称为矿业权，适用于不动产法律法规的调整原则。

2. 矿业权人

依法取得矿业权的自然人、法人或其他经济组织称为矿业权人。

3. 矿业权权能

矿业权人依法对其矿业权享有占有、使用、收益和处分权。

（三）矿产权资源有偿使用方式

现行法律法规政策中，矿业权有偿使用只有出让一种形式，不存在划拨、租赁和作价出资。

三、矿业权出让政策内容

（一）矿业权出让主体、出让方式

1. 矿业权出让主体

矿业权出让是指登记管理机关以批准申请、招标、拍卖等方式向矿业权申请人授予矿业权的行为。矿业权的出让由县级以上人民政府地质矿产主管部门根据《矿产资源勘查区块登记管理办法》《矿产资源开采登记管理办法》及省、自治区、直辖市人民代表大会常务委员会制定的管理办法规定的权限，采取批准申

请、招标、拍卖等方式进行。

2. 矿业权出让方式

（1）矿业权批准申请出让

矿业权批准申请出让是指登记管理机关通过审查批准矿业权申请人的申请，授予矿业权申请人矿业权的行为。矿业权申请人应是出资人或由其出资设立的法人。但是，国家出资勘查的，由出资的机构指定探矿权申请人。两个以上出资人设立合资或合作企业进行勘查、开采矿产资源的，企业是矿业权申请人；不设立合作企业进行勘查、开采矿产资源的，则由出资人共同出具书面文件指定矿业权申请人。采矿权申请人应为企业法人，个体采矿的应依法设立个人独资企业。

（2）矿业权招标出让

矿业权招标出让是指登记管理机关依照有关法律法规的规定，通过招标方式使中标人有偿获得矿业权的行为。

（3）矿业权拍卖出让

矿业权拍卖出让是指登记管理机关遵照有关法律法规规定的原则和程序，委托拍卖人以公开竞价的形式，向申请矿业权竞价最高者出让矿业权的行为。

3. 矿业权出让范围

矿业权出让范围可以是国家出资勘查并已经探明的矿产地、依法收归国有的矿产地和其他矿业权空白地。

4. 矿业权评估

各级地质矿产主管部门按照法定管辖权限出让国家出资勘查并已经探明矿产地的矿业权时，应委托具有国务院地质矿产主管部门认定的有矿业权评估资格的评估机构（以下简称"评估机构"）进行矿业权评估。

（二）矿业权出让价款缴纳

1. 申请出让经勘查形成矿产地的矿业权的价款缴纳

以批准申请方式出让经勘查形成矿产地的矿业权的，登记管理机关按照评估确认的结果收缴矿业权价款。经登记管理机关批准可以分期缴纳。申请分期缴纳矿业权价款应向登记管理机关说明理由，并承诺分期缴纳的额度和期限，经批准后实施。

2. 招标拍卖出让经勘查形成矿产地的矿业权的价款缴纳

以招标拍卖出让经勘查形成矿产地矿业权的，登记管理机关应依据评估确认的结果确定招标、拍卖的底价或保留价，成交后登记管理机关按照实际交易额收取矿业权价款。

3. 应缴矿业权价款转增国家资本金

国有地勘单位或国有矿山企业申请出让经勘查形成矿产地的矿业权符合国家有关规定的，可以按照规定申请将应交纳的矿业权价款部分或全部转增国家资本金，并经审查批准后实施。

四、矿业权转让政策内容

（一）矿业权转让概念

现行法律规定，矿业权转让是指矿业权人将矿业权转移的行为，包括出售、作价出资、合作、重组改制等。矿业权人可以依法抵押矿业权。矿业权的出租、抵押，按照矿业权转让的条件和程序进行管理，由原发证机关审查批准。依据法律规定，矿业权转让实际上有广义转让和狭义转让之分。狭义上的矿业权转让，是矿业权出售、作价出资、合作、重组改制引致的矿业权移转行为，而广义的矿业权转让，除了前述形式之外，还包括矿业权的出租和抵押行为。

（二）矿业权转让方式

1. 矿业权出售、作价出资、合作及上市

①矿业权出售。矿业权出售是指矿业权人依法将矿业权出卖给他人进行勘查、开采矿产资源的行为。

②矿业权作价出资。矿业权作价出资是指矿业权人依法将矿业权作价后，作为资本投入企业，并按出资数额行使相应权利、履行相应义务的行为。

③矿业权合作勘查或合作开采经营。合作勘查或合作开采经营是指矿业权人引进他人资金、技术、管理等，通过签订合作合同约定权利义务，共同勘查、开采矿产资源的行为。

④矿业权上市。矿业权人改组成上市的股份制公司时，可将矿业权作价计入上市公司资本金，也可将矿业权转让给上市公司向社会披露，但在办理转让审批和变更登记手续前，均应委托评估矿业权，矿业权评估结果报国务院地质矿产主管部门确认。矿业股份制公司在境外上市的，可按照所上市国的规定通过境外评估机构评估矿业权，但应将评估报告向国务院地质矿产主管部门备案。

2. 矿业权出租

矿业权出租是指矿业权人作为出租人将矿业权租赁给承租人，并向承租人收取租金的行为。

3. 矿业权抵押

矿业权抵押是指矿业权人依照有关法律作为债务人以其拥有的矿业权在不转移占有的前提下，向债权人提供担保的行为。以矿业权作抵押的债务人为抵押人，债权人为抵押权人，提供担保的矿业权为抵押物。

（三）矿业权转让、评估、出售、作价出资、合作政策的具体内容

1. 矿业权转让审批权限

矿业权转让实行两级审批。

（1）国务院主管部门审批

国务院地质矿产主管部门负责由其审批发证的矿业权转让的审批。

（2）省级主管部门审批

省、自治区、直辖市人民政府地质矿产主管部门负责其他矿业权转让的审批。

2. 转让矿业权评估

矿业权人转让国家出资勘查形成矿产地的矿业权的，应由矿业权人委托评估机构进行矿业权评估。

3. 矿业权出售

矿业权人需要部分出售矿业权的，必须在申请出售前向登记

管理机关提出分立矿业权的申请，经批准并办理矿业权变更登记手续。采矿权原则上不得部分转让。

4. 矿业权国家出资

矿业权国家出资是指中央财政或地方财政以地质勘探费、矿产资源补偿费、各种基金及专项经费等方法安排的用于矿产资源勘查的拨款。

（1）国家出资的矿业权评估结果确认

国家出资的矿业权评估结果确认，分以下 4 种情形。

①中央财政出资勘查形成矿产地的矿业权的评估结果，由国务院地质矿产主管部门确认。

②地方财政出资勘查形成矿产地的矿业权的评估结果，委托省级人民政府地质矿产主管部门进行确认。

③中央和地方财政共同出资勘查形成矿产地的矿业权的评估结果，经省级人民政府地质矿产主管部门提出审查意见，由国务院地质矿产主管部门确认。

④国家与企业或个人等共同出资勘查形成矿产地的矿业权的评估结果，按照国家出资的渠道，分别由国务院地质矿产主管部门或委托省级人民政府地质矿产主管部门进行确认。

（2）矿业权底价确定和价款收取

矿业权底价确定和价款收取，分以下 4 种情形。

①转让国家出资勘查形成矿业权的，转让人以评估确认的结果为底价向受让人收取矿业权价款或作价出资。

②国有地质勘查单位转让国家出资勘查所形成的矿业权的收益，应按勘查时的实际投入数转增国家基金，其余部分计入主营

业务收入。

③国有矿山企业转让国家出资勘查形成的矿业权的收益做国家资本处置的，应按照国务院地质矿产主管部门和国务院财政主管部门的规定报批执行。

④非国有矿山企业转让国家出资勘查形成的采矿权的，由登记管理机关收取相应的采矿权价款。

5. 矿业权转让合同

（1）矿业权转让合同类型

矿业权转让的当事人须依法签订矿业权转让合同。因转让方式的不同，转让合同可以是出售转让合同、合资转让合同或合作转让合同。转让申请被批准之日起，转让合同生效。

（2）矿业权转让合同内容

应包括以下基本内容：

①矿业权转让人、受让人的名称、法定代表人、注册地址；

②申请转让矿业权的基本情况，包括当前权属关系、许可证编号、发证机关、矿业权的地理位置坐标、面积、许可证有效期限及勘查工作程度或开采情况等；

③转让方式和转让价格，付款方式或权益实现方式等；

④争议解决方式；

⑤违约责任。

6. 矿业权转让审批和变更登记

出售矿业权或者通过设立合作、合资法人勘查、开采矿产资源的，应申请办理矿业权转让审批和变更登记手续。具体有以下3项要求。

（1）备案要求

不设立合作、合资法人勘查或开采矿产资源的，在签订合作或合资合同后，应当将相应的合同向登记管理机关备案。

（2）年限要求

采矿权申请人领取采矿许可证后，因与他人合资、合作进行采矿而设立新企业的，可不受投入采矿生产满一年的限制。

（3）时间要求

转让人和受让人收到转让批准通知书后，应在规定时间内办理变更登记手续；逾期未办理的，视为自动放弃转让行为，已批准的转让申请失效。

五、矿业权出租政策的主要内容

（一）出租矿业权评估

出租国家出资勘查形成的采矿权的，应按照采矿权转让的规定进行评估、确认，采矿权价款按有关规定进行处置。已出租的采矿权不得出售、合资、合作、上市和设定抵押。

（二）出租矿业权申请

矿业权人申请出租矿业权时，应向登记管理机关提交以下材料：

①出租申请书；

②许可证复印件；

③矿业权租赁合同书；

④承租人的资质条件证明或营业执照；

⑤登记管理机关要求提交的其他有关资料。

（三）矿业权出租合同

矿业权租赁合同应包括以下主要内容：

①出租人、承租人的名称，法定代表人的姓名、注册地址或住所；

②租赁矿业权的名称、许可证号、发证机关、有效期、矿业权范围坐标、面积、矿种；

③租赁期限、用途；

④租金数额，交纳方式；

⑤租赁双方的权利和义务；

⑥合同生效期限；

⑦争议解决方式；

⑧违约责任。

（四）禁止矿业权转租

现行政策规定，矿业权承租人不得再行转租矿业权。采矿权的承租人在开采过程中，需要改变开采方式和主矿种的，必须由出租人报经登记管理机关批准并办理变更登记手续。

六、矿业权抵押政策的具体内容

（一）矿业权抵押评估

债权人要求抵押人提供抵押物价值的，抵押人应委托评估机构评估抵押物。

（二）矿业权抵押备案

矿业权设定抵押时，矿业权人应持抵押合同和矿业权许可证到原发证机关办理备案手续。矿业权抵押解除后 20 日内，矿业权人应书面告知原发证机关。

（三）矿业权抵押实现

债务人不履行债务时，债权人有权申请实现抵押权，并从处置的矿业权所得中依法受偿。新的矿业权申请人应符合国家规定的资质条件，当事人应依法办理矿业权转让、变更登记手续。采矿权人被吊销许可证时，由此产生的后果由债务人承担。

七、矿业权出让转让政策总体评价

（一）矿业权管理法制建设取得一定进展和成效

矿产资源管理制度不断完善，矿业权管理得到一定规范。矿产资源产权法律体系建设是我国社会主义法制建设的重要构成部分，自 1986 年《中华人民共和国矿产资源法》颁发实施以来，经过 30 多年的历史演进，我国已形成了以《中华人民共和国宪法》《中华人民共和国刑法》《中华人民共和国行政许可法》《中华人民共和国民法典》等法律为基础，以《中华人民共和国矿产资源法》为核心，包括《中华人民共和国矿产资源法实施细则》《矿产资源勘查登记管理暂行办法》《矿产资源开采登记管理办法》《探矿权采矿权转让管理办法》《中华人民共和国资源税暂行条例》《矿产资源补偿费征收管理规定》《矿业权交易规则（试行）》《矿产资源监督管理暂行办法》等多部行政法规和部门规章及数量众多地方性法律法规共同组成的不同法律效力级、内容丰富、相对完备的法律体系，矿业权制度体系不断建立健全，矿业权管理不断规范，有效保障了各项矿产资源勘查开发工作的顺利开展。

（二）矿业权有偿出让发挥了市场在资源配置中的作用

我国矿业权出让制度变革大致包含 4 个层面的内容：一是从矿业权的不分类到分类出让；二是从矿业权的无偿取得到有偿取得；三是从仅为行政审批出让方式转向行政审批与市场竞争出让方式相结合；四是从竞争性出让方式的任意性规定到强制性规定。目前形成了以勘查风险分类出让为基本原则的矿业权出让制度体系。实践中，各省（自治区、直辖市）在原国土资源部已有规定的基础上，结合当地矿产资源禀赋条件及矿业权市场建设情况，大多数都出台了本行政区的矿业权出让管理政策，部分省（自治区、直辖市）扩大了探矿权市场竞争出让的范围，除财政出资外，其余勘查项目全部以招标、拍卖、挂牌等市场竞争方式出让，更好地体现了市场在资源配置中的决定性作用。

（三）矿业权有形市场建设取得了积极成效

现行矿产资源法律法规对矿业权转让的主体、范围、条件、方式、价格、程序、合同、交易场所等做了明确进一步规范。目前，我国 31 个省（自治区、直辖市）的省级矿业权交易机构全部建立，24 个省（自治区、直辖市）共 300 多个地（市）建立了地（市）级矿业权交易机构。矿业权有形市场建设取得了积极成效，矿业权市场不断规范和完善。

（四）矿业权交易的相关政策法规不完善

当前，我国矿业权流转的配套制度缺乏可操作性，法律规定原则化、与实际不符，法律法规对矿业权出让、转让、作价出资、出租、融资、抵押、出租、承包等方式的规定不明确，对于矿业权转让范畴的界定不一致，当前一些做法已经超出了法律规定，尤其是股东进出、股份变化、法人代表变更、企业性质转变、企业资产整体出售（矿业权人不变）等情形已经摆在面前，亟待通过健全法律制度予以引导和规范。

第四章　林权流转法律政策及其主要内容

一、森林有偿使用法律政策

在《中华人民共和国宪法》对森林资源的所有权和使用权做出基本规定的前提下，国家先后出台一系列涉及森林资源有偿使用和保护的法律法规和政策，成为规范林权管理的直接政策依据。

（一）森林法律法规规章

①《中华人民共和国森林法》[1984 年 9 月 20 日第六届全国人民代表大会常务委员会第七次会议通过。1998 年 4 月 29 日第九届全国人民代表大会常务委员会第二次会议《关于修改〈中华人民共和国森林法〉的决定》第一次修正。2009 年 8 月 27 日第十一届全国人民代表大会常务委员会第十次会议《关于修改部分法律的决定》第二次修正。2019 年 12 月 28 日第十三届全国人民代表大会常务委员会第十五次会议修订]；

②《中华人民共和国农村土地承包法》[由第九届全国人民代

表大会常务委员会第二十九次会议于 2002 年 8 月 29 日通过，自 2003 年 3 月 1 日起施行。根据 2009 年 8 月 27 日第十一届全国人民代表大会第十次会议《关于修改部分法律的决定》第一次修正。根据 2018 年 12 月 29 日第十三届全国人民代表大会常务委员会第七次会议《关于修改〈中华人民共和国农村土地承包法〉的决定》第二次修正〕；

③《中华人民共和国森林法实施条例》〔2000 年 1 月 29 日国务院发布《中华人民共和国森林法实施条例》，自 2000 年 1 月 29 日起实施。2018 年 3 月 19 日，根据《国务院关于修改和废止部分行政法规的决定》（国务院令第 698 号）修改了《中华人民共和国森林法实施条例》，自 2018 年 3 月 19 日起实施〕；

④《国家林业局关于进一步加强和规范林权登记发证管理工作的通知》（林资发〔2007〕33 号）；

⑤《国家林业局关于进一步加强森林资源管理促进和保障集体林权制度改革的通知》（林资发〔2007〕252 号）；

⑥《中共中央　国务院关于全面推进集体林权制度改革的意见》；

⑦《国家林业局关于加强国有林场森林资源管理保障国有林场改革顺利进行的意见》（林场发〔2012〕264 号）；

⑧《中国银监会　国家林业局关于林权抵押贷款的实施意见》（银监发〔2013〕32 号）；

⑨《国有林区改革指导意见》；

⑩《国务院办公厅关于完善集体林权制度的意见》（国办发〔2016〕83 号）；

⑪《国土资源部关于推进 2018 年林权抵押贷款有关工作的通知》。

（二）森林资源的权利体系

1. 森林资源所有权

法律规定，森林资源属于国家所有，由法律规定属于集体所有的除外。国家所有的和集体所有的森林、林木和林地，个人所有的林木和使用的林地，由县级以上地方人民政府登记造册，发放证书，确认所有权或者使用权。国务院可以授权国务院林业主管部门，对国务院确定的国家所有的重点林区的森林、林木和林地登记造册，发放证书，并通知有关地方人民政府。森林、林木、林地的所有者和使用者的合法权益，受法律保护，任何单位和个人不得侵犯。

（1）林地所有权

林地资源的所有权按权利主体不同分为国家所有和农民集体所有。对国家所有的森林资源由谁代表国家行使所有权这一问题，法律没有明确的规定，一般认为是各级人民政府分级代表国家行使所有权。2015 年中共中央、国务院印发的《国有林区改革指导意见》提出，"重点国有林区森林资源产权归国家所有即全民所有，国务院林业行政主管部门代表国家行使所有权、履行出资人职责，负责管理重点国有林区的国有森林资源和森林资源资产产权变动的审批"。

关于集体所有的森林资源，《中华人民共和国农村土地承包法》第十三条规定："农民集体所有的土地依法属于村农民集体所有

的，由村集体经济组织或者村民委员会发包；已经分别属于村内
两个以上农村集体经济组织的农民集体所有的，由村内各该农村
集体经济组织或者村民小组发包。"集体所有的森林资源，其所有
权行使主体应是指集体经济组织、村民委员会和村民小组。

（2）林木所有权

与林地不同，林木存在私人所有的情况。国有林业经营单位
经营的林木所有权归国家所有，集体统一经营的林地由集体享有
林木所有权。大量承包到户的集体林是由依法承包的农户享有林
木所有权的。此外，单位或个人因租用林地也对林地租赁期内的
林木享有所有权。

（三）森林资源用益物权

无论是国有林地还是集体林地，都是通过使用权的授予来
实现林地利用的目的。国家所有的林地可以依法确定给国有单位
和集体单位及个人使用、经营。集体所有的林地可以承包到农户
或者通过其他方式承包确定给集体经济组织以外的单位或个人使
用。根据"物权法定"的原则，目前法律规定的森林资源的用益
物权主要包括以下几种。

1. 国有林地使用权

对于国家所有的林地，由国家设立的国有林业局、国有林场
等使用，通过登记确认国有林地使用权。除此之外，国有农场等
单位也依法对其经营范围内的国有林地享有使用权。1989 年，国
务院同意由林业部核发黑龙江省森工总局、大兴安岭林业公司、
吉林省林业厅、内蒙古大兴安岭林业管理局等 4 个单位所属的 87

个国有林业局及其他国有林业单位的经营范围，总面积 4.9 亿亩。这些林业管理局是由国务院或者原国家计委批准建立，按照批准建局的计划任务书和总体设计方案，界定其经营范围，并由中央投资建设的。

全国现有国有林场 4855 个，总面积 11.5 亿亩。分布在 31 个省（自治区、直辖市）的 1600 多个县（市、区）。按隶属关系划分：省级管理的占 10%，地市级管理的占 15%，县级管理的占 75%。按预算管理方式划分：事业单位性质的国有林场有 4395 家，企业性质的有 460 家。

2. 林地承包经营权

农户对家庭承包方式取得的林地，农户或其他单位、个人对其他方式承包取得的林地享有林地承包经营权，承包期最长可以为 70 年。

3. 集体林地使用权

对于历史上分给农民长期使用的自留山等，使用该自留山的农民享有集体林地使用权，使用期限为长期。

4. 林木使用权

主要是针对国有林地使用权人而言的，国家所有或者国家所有由集体使用以及法律规定属于集体所有的自然资源，单位、个人依法可以占有、使用和收益，此为森林、林木使用权的依据。国有森林资源归国家所有，对依法经营国有森林、林木的单位，只能登记确认其森林、林木使用权。

二、国有森林资源使用制度

（一）法律和政策规定

根据《中华人民共和国森林法》第十五条的规定，下列森林、林木、林地使用权可以依法转让，也可以依法作价入股或者作为合资、合作造林、经营林木的出资、合作条件，但不得将林地改为非林地：

①用材林、经济林、薪炭林；

②用材林、经济林、薪炭林的林地使用权；

③用材林、经济林、薪炭林的采伐迹地、火烧迹地的林地使用权；

④国务院规定的其他森林、林木和其他林地使用权。

"除本条第一款规定的情形外，其他森林、林木和其他林地使用权不得转让。具体办法由国务院规定。"

现行政策规定，依照上述规定转让、作价入股或者作为合资、合作造林、经营林木的出资、合作条件的，已经取得的林木采伐许可证可以同时转让，同时转让双方都必须遵守本法关于森林、林木采伐和更新造林的规定。除上述4类情形外，其他森林、林木和其他林地使用权不得转让。从法律上看，森林、林木、林地使用权转让，相当于土地使用权的出让，即所有权人对使用权的让渡。

由于规范森林资源流转的法律制度比较薄弱，缺乏操作性的规定，原国家林业局从严格保护国有森林资源的角度出发，先后下发了《国家林业局关于进一步加强和规范林权登记发证管理工作的通知》（林资发〔2007〕33 号）、《国家林业局关于进一步加强森林资源管理促进和保障集体林权制度改革的通知》（林资发〔2007〕252 号）和《国家林业局关于加强国有林场森林资源管理保障国有林场改革顺利进行的意见》（林办发〔2012〕264 号）明确规定"国有森林资源的流转，在国务院未制定颁布森林、林木和林地使用权流转的具体办法之前，受让方申请林权登记的，暂不予以登记""各类国有森林资源在国家没有出台流转办法前，一律不准流转""严禁国有林场森林资源流转"。

（二）国有森林资源资产有偿使用现状

1. 国有森林资源流转的总体情况

各地普遍存在着国有森林资源流转行为，流转比例多数在 2%～8%，其中广西的流转比例最高，其国有林的流转面积约 52.8 万公顷，占总经营面积的 47.3%。流转的内容主要是国有林地使用权，少量为林木使用权。流转林地主要方式为出租、转让、作价出资（入股）、抵押等。流转期限为 10～70 年不等。

2. 国有森林资源有偿使用的具体方式

以浙江省为例，出租主要用于苗木种植、林下养殖、森林旅游等；转让主要用于旅游开发；作价出资（入股）主要用于合作造林和共同组建公司开展森林旅游等。湖北省出租则是主要用于林下养殖、生态农业、旅游休闲、速丰林建设等；作价出资（入股）主要用于合作造林、共建创业基地等；有偿转让主要用于修路等基础设施建设工程征用、矿产开发等。

关于林场职工以内部承包方式使用国有森林资源，主要有3 种情况：一是部分林场经济不景气，以分配"工资田"模式对职工分流安置，职工承包经营林地，不需缴纳任何费用，林场不再发放工资；二是部分林场将林场、苗圃部分林地交职工缴费承包经营，以此补助生活，其经营范围主要有苗木生产、林下养殖等；三是林场将集体不便管理、适合个人经营的发展项目，交职工缴费承包经营，关于承包费用，以湖北省为例，1 亩林地每年承包费 10 ~ 300 元不等。

3. 国有森林资源流转的程序

普遍通过签订书面流转合同，部分通过招标、拍卖、公共交易平台流转，还有部分通过协商合约方式流转。森林资源资产评估开展情况各地差异很大，如福建省国有林场森林资源流转均需经过省级主管部门同意，并经有资质的评估单位评估后，通过公共交易平台进行招投标交易。

4. 国有森林资源权属登记

各地均存在流转后办理变更登记，变更林权权利人为其他企业或个人的情况。

5. 国有森林资源流转资金

部分地方是林业经营单位自收自支，比较规范的做法，如重庆是流转资金实行"收支两条线"统一上缴财政统筹调配使用，林场可根据实际需要向财政申请部分资金。主要用于林场建设、林业生产建设、森林资源经营管护、职工工资发放、补交养老保险、偿还债务等。

三、集体森林资源流转

2016年,《国家林业局关于规范集体林权流转市场运行的意见》(林改发〔2016〕100号),明确了集体林权流转的相关政策。集体林权流转制度改革的主要内容如下。

(一)严格界定流转林权范围

1. 集体林权流转的内涵

集体林权流转是指在不改变林地所有权和林地用途的前提下,林权权利人将其拥有的集体林地经营权(包括集体统一经营管理的林地经营权和林地承包经营权)、林木所有权、林木使用权依法全部或者部分转移给他人的行为,不包括依法征收致使林地经营权发生转移的情形。

2. 集体林权的权能

集体林权可通过转包、出租、互换、转让、入股、抵押或作为出资、合作条件及法律法规允许的其他方式流转。对于区划界定为公益林的林地、林木暂不进行转让,允许以转包、出租、入股等方式流转。权属不清或有争议、应取得而未依法取得林权证或不动产权证、未依法取得抵押权人或共有权人同意等情况下的林权不得流转。

(二)明确林权流转原则

1. 坚持依法、自愿、有偿原则

流转的意愿、价格、期限、方式、对象等应由林权权利人依法自主决定,任何组织或个人不得采取强迫、欺诈等不正当手段

强制或阻碍农民流转林权。

2. 坚持林地林用原则

集体林权流转不得改变林地所有权、林地用途、公益林性质和林地保护等级，流转后的林地、林木要严格依法开发利用。

3. 坚持公开、公正、公平的原则

保证公开透明、自主交易、公平竞争、规范有序，不得有失公允，流转双方权利义务应当对等。

（三）规范林权流转秩序

1. 家庭承包林地

以转让方式流转的，流入方必须是从事农业生产经营的农户，原则上应在本集体经济组织成员之间进行，且需经发包方同意；以其他形式流转的，应当依法报发包方备案。

2. 集体统一经营管理的林地

林地经营权和林木所有权流转的，流转方案应在本集体经济组织内提前公示，依法经本集体经济组织成员同意，采取招标、拍卖或公开协商等方式流转；流转给本集体经济组织以外单位或者个人的，要事先报乡（镇）人民政府批准，签订合同前应当对流入方的资信情况和经营能力进行审查。

3. 林权再次流转

应按照原流转合同约定执行，并告知发包方；通过招标、拍卖、公开协商等方式取得的林地承包经营权，须经依法登记取得林权证或不动产权证书，方可依法采取转让、出租、入股、抵押等方式流转。委托流转的，应当有林权权利人的书面委托书。

（四）严格林权流入方资格条件

林权流入方应当具有林业经营能力，林权不得流转给没有林业经营能力的单位或者个人。《国家发展改革委 商务部关于印发〈市场准入负面清单草案（试点版）〉的通知》（发改经体〔2016〕442号）明确要求：租赁农地从事生产经营要进行资格审查，未获得资质条件的，不得租赁农地从事生产经营。鼓励各地依法探索建立工商资本租赁林地准入制度，实行承诺式准入等方式，可采取市场主体资质、经营面积上限、林业经营能力、经营项目、诚信记录和违规处罚等管理措施，对投资租赁林地从事林业生产经营资格进行审查。家庭承包林地的经营权可以依法采取出租、入股、合作等方式流转给工商资本，但不得办理林权变更登记。

（五）完善林权流转服务

1. 平台建设

完善县级林业服务平台功能，逐步健全县乡村三级服务和管理网络，为林业经营主体提供林权流转、惠林政策实施、生产信息技术、林权投融资等指导、服务。

2. 信息公开

加强林权流转信息公开，重点公开流转面积、流向、用途、流转价格等信息，引导林权有序流转。

3. 政策支持

可采取减免费用、政府购买服务等方式鼓励农户和其他林业经营主体拥有的林权到林权交易平台、公共资源交易平台等公开市场上流转交易。

4. 专业服务

鼓励各地探索政府购买林业公益性服务，大力发展社会化林业专业服务组织，开展流转信息沟通、居间、委托、评估等林权流转中介服务。

5. 资产评估

引导和规范森林资源资产评估行为，向社会公布评估机构不良行为，指导和监督森林资源资产评估协会的工作。

（六）流转合同管理

1. 合同签订

集体林权流转应当依法签订书面合同，明确约定双方的权利和义务，流转期限不得超过原承包剩余期。

2. 合同管理

加强林权流转合同管理，探索建立合同网签和面签制度，要求市场主体以规范格式向社会做出公开信用承诺，并纳入交易主体信用记录。县级林业主管部门要提供可编辑的合同示范文本网络下载服务，大力推广使用《集体林权流转合同示范文本》（GF-2014-2603）。

3. 登记管理

在指导流转合同签订或流转合同鉴证中，发现流转双方有违反法律法规的约定，要及时予以纠正。对符合法律法规规定的，经流转公示无异议后，可出具书面意见，作为林权流转关系和相关权益的证明，并推动与不动产登记、工商、银行业金融等机构实时共享互认，协同不动产登记部门做好林地承包经营权转移登记工作。

（七）加强林权流转用途监督

要实行最严格的林地用途管制，确保林地林用。切实做好抵押林权处置的服务工作，防范抵押风险。采取措施保证流转林地用于林业生产经营，探索建立奖惩机制，对符合要求的林业经营主体可给予林业生产经营扶持政策支持，对不符合要求的可依法禁止限制其承担涉林项目。鼓励和支持林业经营主体主动公示"林业生产经营改善计划"，以及林地、林木开发利用和流转合同履约等情况年度报告，自觉接受行政监督和社会监督。

四、国有林地制度的地方探索

为顺应改革需要，更好地保护好省属国有林场的森林资源，规范省属国有林场森林资源管理工作和监督管理机制，增强森林资源监督管理效果，根据中央6号文件，2018年，福建省林业厅印发了《福建省国有林场森林资源管理办法（试行）》（以下简称《办法》）。《办法》主要包括以下8个方面的内容。

（一）制定《办法》的意义

按照"坚持生态导向、保护优先。以维护和提高森林资源生态功能作为改革的出发点和落脚点，实行最严格的国有林场林地和林木资源管理制度，确保国有森林资源不破坏、国有资产不流失，为坚守生态红线发挥骨干作用"的改革精神，《办法》中明确林场森林资源管理的目的是"为保护国有林场的森林资源，规范国有林场森林资源管理工作和监督管理机制，落实监督管理主体责任"；原则是"生态为本、保护优先、合理利用、持续发展"。

（二）资源档案管理

为掌握国有林场森林资源的现状及其变化，评定森林经营利用效果，确定森林经营措施和安排各项经营活动提供可靠依据，《办法》对国有林场资源档案管理的内容、数据更新、档案保管、成果使用等做了较为详细的规定。明确要求国有林场在已有资源档案的基础上，建立森林公园、木材储备基地、良种基地等专题数据库；要求落实专人负责档案数据管理；对于涉密的基础测绘成果资料，应当按照保密要求，加强监管。

（三）资源购买

为增强国有林场发展潜力、推进国有林场"双增"工作，规范林场的森林资源资产购买行为，《办法》对森林资源购买的原则、审批程序及要求做出规定。明确国有林场森林资源购买的原则是"有利于国有林场森林资源培育、保护及资源资产保值增值"；交易的森林资源资产必须进行资产评估，原则上应在公共平台上交易；未经上级主管部门同意，不得对外购买森林资源资产。

（四）林木采伐

为合理利用森林资源，促进森林资源的培育和树种结构及龄组结构的优化调整，《办法》对国有林场林木采伐的伐区调查设计和作业质量进行规范。在征得设区市林场处同意后，国有林场伐区调查设计可国有林业规划调查设计队或委托其他的林业规划调查机构进行伐区调查设计，但设计质量的把关和结果的审批由市林场处负责。伐区作业质量由国有林场（全面自查）和市林场处（抽查）共同负责。

（五）林地资源管理

为保护国有林场林地资源，有效防止国有资产流失，《办法》对因建设项目使用国有林场林地的要求进行规范。明确涉及国有林场林地用途变更的，须经取得省国有林场管理局意见；同时要求各设区市林业局要以市为单位建立国有林场占用征收林地储备库，并对储备库的林地提出了明确的要求。

（六）森林资源保护

根据国有林场改革应当坚持生态导向、保护优先的原则，以维护和提高森林资源的生态功能和林分质量作为林场工作的出发点和落脚点，《办法》对森林资源管护机制、森林防火工作、林业有害生物防治工作及加强生态公益林保护管理等做出了具体要求。

（七）资源利用

为满足社会发展对森林资源的使用需求，促进国有林场森林资源的保护和利用的有序规范，《办法》对资源利用的资产抵押及转让、对外合作、发展森林旅游等特色产业等做了规定。明确国有林场森林资源对外实行有偿使用原则；禁止国有林场范围内的天然林、生态林和森林公园的林地及林木资源资产对外转让。

（八）资源监管考核

为客观评价国有林场森林资源保护管理工作成效，加强对林场资源保护管理情况的监管考核，《办法》明确省级林业主管部门须建立国有林场场长森林资源离任审计制度、设区市林业主管部门应当建立森林资源目标管理责任制；省市国有林场管理部门按要求组织开展场长森林资源离任审计和年度资源监管考核。《办法》对年度资源保护管理考核和场长离任审计的内容及离任审计的组织实施、结果运用做了规定，明确将场长任期内森林蓄积量、林地保有量等约束性指标和森林经营方案执行、森林培育、采伐利用及林地征占用等经营管理性指标纳入审计内容；审计结果可作为林业主管部门干部考核、任免和奖惩的重要依据。

五、森林资源有偿使用政策分析

从总体上看，国有森林资源有偿使用从政策制度设计对各级政府行使国有森林资源资产所有权的范围、产权流转制度、相关配套措施有待健全。集体林权制度改革先行一步，积累了可借鉴可复制的做法经验。

（一）国有森林资源有偿使用政策分析

1.国有林场（区）现有建设用地能否开展有偿使用

包括重点国有林区的国有林业局和地方国有林场在内的各国有林业经营单位的经营范围内，不仅包括林地及其地上的林木资源，也存在一定数量满足林业生产、职工生活需求的建设用地。这些建设用地很多都是随着林业经营单位的设立和发展而逐渐形成的，并没有办理过使用林地许可和林地转为建设用地手续。开展国有森林资源资产有偿使用，如发展森林旅游设施及餐饮、住宿、停车等配套设施等，也会遇到需要使用建设用地的问题。

因此，能否对历史上形成的国有林场区内由国有林业经营单位使用的建设用地给予相关政策，使其合法化，并允许其进入流通市场开展有偿使用。对于合法化的建设用地，可探索参照国有企业改制土地资产处置相关规定，可以保留划拨方式，也可以依法进行有偿处置，通过有偿处置方式取得的国有建设用地使用权，允许国有林业经营单位开展有偿使用。

2. 国有林业经营单位开展有偿使用的主体资格问题

作为国有森林资源资产使用权人的国有林业经营单位，很多被列为公益一类事业单位，其按照规定不得开展经营活动，其经费需由国家财政予以支撑。是否这类单位不具有开展国有森林资源资产有偿使用的资格？自然资源有偿使用的基本原则是保护优先、合理利用，在保护中发展、在发展中保护。合理利用国有森林资源资产开展有偿使用，是国有林业经营单位经营保护国有森林资源的履职表现。在建立严格的资金管理制度、对有偿使用取得的收入上缴国库或财政专户、实行"收支两条线"的前提下，可探索允许作为公益一类事业单位的国有林业经营单位开展国有森林资源资产有偿使用。

（二）对集体林权制度改革的分析

1. 集体林权制度改革的指导思想符合森林资源资产有偿使用的取向

在坚持集体林地所有权不变的前提下，集体林权制度改革依法将林地承包经营权和林木所有权通过家庭承包的方式落实到本集体经济组织的农户，确立农民作为林地承包经营权人的主体地位。

2. 集体林权制度改革的主要环节符合森林资源资产有偿使用的路径选择

（1）明晰产权

以均山到户为主，以均股、均利为补充，把林地使用权和林木所有权承包给农户。

（2）勘界发证

在勘验"四至"的基础上，核发全国统一式样的林权证，做到图表册一致、人地证相符。

（3）放活经营权

对商品林，农民可依法自主决定经营方向和经营模式。对公益林，在不破坏生态功能的前提下，可依法合理利用其林地资源。

（4）落实处置权

在不改变集体林地所有权和林地用途的前提下，允许林木所有权和林地使用权出租、入股、抵押和转让。

（5）保障收益权

承包经营的收益，除按国家规定和合同约定交纳的费用外，归农户和经营者所有。

3. 集体林权制度改革的基本原则体现了制度改革的渐近性，兼顾了各方利益

在集体林权制度改革的过程中，坚持了以下原则：

①坚持农村基本经营制度，确保农民平等享有集体林地承包经营权；

②坚持统筹兼顾各方利益，确保农民得实惠、生态受保护；

③坚持尊重农民意愿，确保农民的知情权、参与权、决策权；

④坚持依法办事，确保改革规范有序；

⑤坚持分类指导，确保改革符合实际。

4. 集体林权制度改革的基本特征具有森林资源资产有偿使用和市场配置的普适性价值

（1）物权性

物权法明确规定林地承包经营权为用益物权。赋予农民的经营权、处置权、收益权都要依法保护和落实。

（2）长期性

中央 10 号文件明确规定林地承包期为 70 年，承包期届满还可以继续承包，真正实现了"山定权、树定根、人定心"。

（3）流转性

在不改变林地用途和依法自愿有偿的前提下，林地承包经营权人对林地经营权和林木所有权可采取多种方式流转，依法进行转包、出租。

（4）资本性

农民在改革中获得的林地经营权和林木所有权具有资本功能，可作为入股、抵押或出资、合作的条件。实现了山林资源变成资产、资产变成资本。这是农村土地经营制度的重大突破，也是农村金融改革的重大突破，有效破解了农业发展融资难的问题，促进了金融资本向农村流动。

第五章　草原承包经营权流转法律政策及其主要内容

一、草原资源有偿使用法律政策

在我国《宪法》对草原的所有权做出基本规定的前提下，国家先后出台一系列涉及草原承包经营权流转的法律法规和政策，成为规范草原资源有偿使用管理的直接政策依据。

（一）政策依据

①《中华人民共和国草原法》（1985 年 6 月 18 日第六届全国人民代表大会常务委员会第十一次会议通过，2002 年 12 月 28 日第九届全国人民代表大会常务委员会第三十一次会议修订）；

②《中华人民共和国农村土地承包法》（2003 年 3 月 1 日旅行，2009 年 8 月 27 日十一届全国人大常委会第十次会议第一次修正，2018 年 12 月 29 日十三届全国人大常委会第七次会议第二次修正）；

③《中华人民共和国民法典》（2020 年 5 月 28 日第十三届全

国人民代表大会第三次会议通过）。

（二）规范性文件

①《中共中央关于做好农户承包地使用权流转工作的通知》（中发〔2001〕18号）；

②《国务院关于加强草原保护与建设的若干意见》（国发〔2002〕19号）；

③《农村土地承包经营权流转管理办法》（2005）；

④《关于认真做好农村土地承包经营权确权登记颁证工作的意见》（农经发〔2015〕2号）；

⑤《农业部关于开展草原确权承包登记试点的通知》（农牧发〔2015〕5号）；

⑥《内蒙古自治区草原管理条例实施细则》（2006）；

⑦《青海省草原承包经营权流转办法》（2012）。

二、草原产权及管理变化

不同时期，我国草原资源所有权、使用权及经营模式各不相同。以下体现了5个时期草原产权管理制度和经营模式的演变。

（一）新中国成立前夕

①草原所有权和使用权。草原所有权归清王室所有，由领主、富有牧户使用。

②草原经营模式。经营采取租佃关系，交由贫苦牧民放牧。

（二）新中国成立时期

①草原所有权和使用权。草原所有权采取私人所有和集体所有两种所有制形式，由私人使用。

②草原经营模式。采取牧户生产经营。

（三）社会主义改造时期

①草原所有权和使用权。草原所有权采取私人所有和集体所有两种所有制形式，由私人使用。

②草原经营模式。部分地区维持封建租佃关系放牧，部分地区由牧户生产经营。

（四）人民公社时期

①草原所有权和使用权。草原所有权归集体所有，由集体使用。

②草原经营模式。以人民公社、生产大队和生产队为主的"三级所有，队为基础"的畜牧业生产经营模式。

（五）家庭联产承包责任制时期

①草原所有权和使用权。草原所有权有国家所有和集体所有两种公有制形式。草原使用权可确定给牧户个人使用。

②草原经营模式。实行"草场公有，承包经营，牲畜作价归户，户有户养"的家庭承包经营责任制。

三、草原权属

（一）草原所有权

现行法律规定，草原属于国家所有，由法律规定属于集体所有的除外。国家所有的草原，由国务院代表国家行使所有权。任何单位或者个人不得侵占、买卖或者以其他形式非法转让草原。

（二）国有草原使用权

国家所有的草原，可以依法确定给全民所有制单位、集体经济组织等使用。依法确定给全民所有制单位、集体经济组织等使用的国家所有的草原，由县级以上人民政府登记，核发使用权证，确认草原使用权。

（三）集体草原承包经营权

集体所有的草原，由县级人民政府登记，核发所有权证，确认草原所有权。集体所有的草原或者依法确定给集体经济组织使用的国家所有的草原，可以由本集体经济组织内的家庭或者联户承包经营。

四、草原承包经营权流转政策主要内容

（一）草原承包经营权流转的内涵

根据《中华人民共和国农村土地承包法》《农村土地承包经营权流转管理办法》等法规、部门规章的规定，草原承包经营权流转

是指在草原承包期内，承包方以出租、转让、转包、互换、入股及其他方式，将承包草地的承包经营权转移给第三方从事牧业生产经营的经济现象。

（二）草原承包经营权流转的原则

《中华人民共和国草原法》第十五条规定："草原承包经营权受法律保护，可以按照自愿、有偿的原则依法转让。"鉴于此，在我国，草原承包经营权的流转坚持依法、自愿及有偿原则。

（三）草原承包经营权流转主体

《中共中央关于做好农户承包地使用权流转工作的通知》（中发〔2001〕18号）明确指出，土地（草原）流转的主体是农户，土地使用权流转必须建立在农户自愿的基础上。在承包期内，农户对承包的土地（草原）有自主的使用权、收益权和流转权，有权依法自主决定承包地是否流转，以及流转的形式。这是农民拥有长期而有保障的土地（草原）使用权的具体体现。

（四）保证集体经济组织的优先权

《中华人民共和国草原法》规定，草原的承包期届满，原承包经营者在同等条件下享有优先承包权。同时规定，草原承包经营权流转中，本集体经济组织的成员享有优先原则。如此规定，保障了本集体组织的优先权。

（五）草原承包经营权流转的形式

1. 转让

转让是指承包方将草原承包经营权转给第三方，包括互换。以转让形式进行草原承包经营权流转的，承包方与发包方签订的合同确定的权利义务关系即行终止，由第三方与发包方履行合同确定的权利义务。

2. 转包

转包是指承包方将草原承包经营权又承包给第三方，包括租赁。以转包形式进行草原承包经营权流转的，第三方不得再次转包。

3. 合作

合作是指承包方以草原承包经营权入股，与他人联合经营。《中华人民共和国草原法》关于草原承包经营权的流转方式规定了"转让"一种方式。随着牧区经济和农牧业产业化的发展，草原流转转向成片的、大规模的、制度化的流转。

目前，草原承包经营权流转的形式主要以转包和转让为主，还有互换、出租和入股等几种方式。以内蒙古自治区为例，全区草原转包、转让面积约占草原流转总面积的82.1%和16.9%。以互换、出租和入股等方式流转的仅占草原流转总面积的1.0%左右。随着经济社会的发展，部分牧区承包草地也出现了一些流转的情况。城镇附近少数农牧民因从事第三产业等，将自己承包的草地有偿出租给附近的养殖户；因生产发展需要，个别牧户将自己承包的草地有偿出租或借给养殖大户使用。目前草场流转多以民间自愿自发的方式进行。

（六）草原承包经营权流转期限

2007 年颁布实施的《中华人民共和国物权法》以国家法律的形式明确了草原的承包期，规定草地承包期为 30 ~ 50 年。《中华人民共和国土地承包法》规定，流转的期限不得超过承包期的剩余期限。在以出租方式进行土地（草原）流转时，最长期限不得超过《中华人民共和国土地承包法》等的规定，并且以其中较短期限为准。

（七）流转的程序

1. 全民所有草原承包经营权流转

经享有草原使用权的单位同意，由承包方和第三方共同向旗县以上畜牧行政主管部门提出申请，经审核后报旗县以上人民政府批准。

2. 集体所有草原承包经营权流转

集体所有草原承包经营权在本集体经济组织内流转的，由承包方和第三方共同向发包方提出申请，经发包方同意后，方可流转。

3. 草原承包经营权流转

草原承包经营权流转价款及其支付方式，由双方当事人协商确定。经批准或者发包方同意，草原承包经营权流转的，承包方与第三方应当依法签订草原承包经营权流转书面合同。现行政策规定，不得以草原承包经营权作抵押或者顶抵债款。

五、草原承包经营权流转现存困难

2003 年修订的《中华人民共和国草原法》确认了草原承包经营权流转的法律制度，标志着我国草原承包经营权流转制度进入了法制化轨道。但对于转让主体范围、流转方式、流转价格及限制等问题缺少具体规定。具体存在以下问题。

（一）关于可操作性

我国法律虽然对草原承包经营权流转做出了规定，但因缺乏具体设计，不能发挥应有的规范作用。实行草原承包经营的流转本身就是为了便于草原的建设和保护，而当前出现的承包后草原改变用途、违反经营原则及私下任意流转现象，尚未得到有效制止。

（二）关于流转主体范围

《中华人民共和国草原法》第十五条做出明确规定：草原承包经营权转让应当经发包方同意。实践中会出现一些情形，使流转无法进行，如承租方需要进行流转时若得不到发包方的同意，或为此设定一系列的条件使得承租方担心退出草场的成本太高而不敢轻易离开草场。而对于以家庭承包和联产承包取得的承包经营权，法律规定只能在集体经济组织内部进行流转，流转的主体范围受到限制，使得一部分拥有大量资金和先进技术、设备、管理经验等现代化技术手段的经济组织无法进入草场从事生产经营。

（三）关于流转市场

当前我国草原承包经营权的流转价格主要依据草场等级、利用潜力等确定，虽然在一定程度上考虑了发展前景，但主要还是在一种相对静止的状态下进行的价格定制，往往呈现价格偏低现象。特别是在草场市场需求日益加大的情形下，实际的草场流转价格已高于甚至远远高于原定价格，因而未能合理体现市场规则。

我国立法规定草原承包经营权通过转让进行流转，一般而言，通过转让形式整合草场后，承租户的放牧会倾向于租来的草场，而会对自家的草场进行休牧保护。在草场出租届满收回后，出租户也会因种种原因（牲畜被出售、寄养等而没有基础母畜）难以恢复自家牧场的经营。同时，在草场发生转让后，原有的用以确定四界的铁丝网需重修，势必造成一些基础设施在一定程度上的废弃，形成资源的极大浪费。

由于缺乏立法的具体规定，草原承包经营权私下流转频发，而且多数流转采用口头协议，缺乏双方权利义务的具体规定，使得受让方在草原的保护、利用上短期行为较多，超强度放牧利用加剧了草原生态的恶化。同时，私下流转多因信任关系而发生在熟人或亲戚之间，在牧民逐步认识到草场亦是一种资本的前提下，当转让草场有利可图时，双方的信任关系会在利益驱使下遭到破坏，进而对承租方的约束变小，承租方往往会在承包方不知情下为追求利益而变更牧场使用证，从而引发一系列民事纠纷；而承包方会在约定期满前将草场收回且再次以高价转让。这些都会因缺乏流转合同的约束而导致对牧场的掠夺性经营，破坏草场地生态环境、影响其可持续发展，增加和谐社会的交易成本。

（四）关于流转监管

草原承包经营权流转立法亟待健全，草原流转合同缺乏有效的监督和管理，出现流转的随意性、无序性，无法准确掌握流转的面积、形式、期限、参与主体、流转草原的用途等情况。由此引发的一系列问题，如私下流转引起的纠纷处理、监控流转后草场被利用程度等，这些都会增加监管费用。虽然政府做出规定，要求合同期满后牧民所使用的草场须达到一定的物质要求，但同时因草场地评价和监督成本太高，亦使得这一工作流于形式。另外，集体草场流向决策缺乏牧民参与，"反租倒包"现象时有发生。

（五）关于流转配套制度保障机制

在涉及草原流转的政策措施中，各地普遍没有制定关于草场流转的优惠政策和相关配套措施。由于草场流转后进城牧民的养老保险、公共医疗等专项社会保障制度建设的缺失，使进城后农牧民的生活与工作受到影响，可能出现不安定的状况，增加了牧民对草场的依赖性。

六、草原承包经营权流转政策分析

（一）草原承包经营权流转的特点

从内蒙古等地的情况看，草原承包经营权流转呈现以下特点。

1. 内部流转

草原承包经营权流转以集体组织内流转为主，向集体经济组织以外人员流转的比重较小。

2. 口头自愿

牧民之间的草原流转以口头自愿流转形式为主。

3. 集中性

牧区草原流转逐步向养殖能手集中。

4. 多元主体

草原流转对象呈多元化。

（二）部分地区的草原法规政策体系初步形成并发挥了积极作用

西藏、甘肃、青海等省区陆续制定或修订了《中华人民共和国草原法》的办法，草原法规、规章体系初步形成，并发挥了积极的作用。

1. 促进了草原资源的优化配置

草原承包经营制的贯彻实施为草原进行规模化经营奠定了基础。2003 年颁布的《中华人民共和国农村土地承包法》明确规定了土地承包经营权的流转方式为转包、出租、互换、转让等。2008 年通过的《中共中央关于推进农村改革发展若干重大问题的决定》指出，"农户在承包期内可依法、自愿、有偿流转土地承包经营权，完善流转办法，逐步发展适度规模经营"，这些都为草原承包经营权的流转指明了方向，进一步推动了草原的规模化经营。通过流转，使草原从绩效低下的承包人手中流转到绩效较高的承包人手中，进而推动草场的规模化经营，实现资源的优化利用，促进草原经济的高效发展。

2. 促进了畜牧业经济的发展

草原承包经营权的可流转性，使得牧民在承包经营草原后，可对草原进行大量资金投入，如引进技术、设备及人才等。即便出现特殊情况，如牧民进城务工、家庭人口结构变化（生老病死及人口的迁入迁出等）而放弃经营草原时，仍可通过流转获得相应收入，排除了承包者的后顾之忧，也提高了畜牧业的产业化发展；同时，通过流转使草原资源集中于经营绩效高的承包者手中，有利于提高畜牧业经营水平和整体效益，促进广大牧民增收，进一步推动畜牧业经济的发展。

3. 促进了草原的可持续发展

通过流转，承包经营权人不仅在自己经营草原期间享有投资利益，在特殊情形下也可以通过转让价格收回投资，保障了其利益的稳定性，激励其进行长期投资经营的积极性，从而在一定程度上避免损害生态的那种短期的、掠夺式的经营行为，增加了草原生态环境保护的投入，促进了草原的可持续发展，进而推动农牧业经济良性循环。

第六章　水权有偿使用法律政策及其主要内容

一、水资源有偿使用法律政策

①《中华人民共和国宪法》（2004 年 3 月 14 日，第十届全国人民代表大会第二次会议通过《中华人民共和国宪法修正案》；2018 年 3 月 11 日，第十三届全国人民代表大会第一次会议通过《中华人民共和国宪法修正案》修正）；

②《中华人民共和国水法》（1988 年 1 月 21 日第六届全国人民代表大会常务委员会第二十四次会议通过；2002 年 8 月 29 日第九届全国人民代表大会常务委员会第二十九次会议修订通过；根据 2009 年 8 月 27 日第十一届全国人民代表大会常务委员会第十次会议通过的《全国人民代表大会常务委员会关于修改部分法律的决定》修正；根据 2016 年 7 月 2 日第十二届全国人民代表大会常务委员会第二十一次会议通过的《全国人民代表大会常务委员会关于修改〈中华人民共和国节约能源法〉等 6 部法律的决定》修正）；

③《水利部关于水权转让的若干意见》（水政法〔2005

11号）；

④《城市供水条例》（1994年7月19日中华人民共和国国务院令第158号发布；根据2018年3月19日《国务院关于修改和废止部分行政法规的决定》修订）；

⑤《水利部关于印发〈水权交易管理暂行办法〉的通知》（水政法〔2016〕156号）。

二、水资源有偿使用法律政策内容

（一）水资源有偿使用政策的背景

1. 水资源有偿使用符合国家要求

中共中央、国务院《关于加快推进生态文明建设的意见》和《生态文明体制改革总体方案》对建立完善水权制度，推行水权交易，培育水权交易市场有明确要求。为了合理开发、利用、节约和保护水资源，实现水资源的可持续利用，建立完善水权制度、推行水权交易、培育水权交易市场，鼓励开展多种形式的水权交易，促进水资源的节约、保护和优化配置，2016年4月，水利部印发了《水权交易管理暂行办法》（水政法〔2016〕156号，简称《办法》）。《办法》对可交易水权的范围和类型、交易主体和期限、交易价格形成机制、交易平台运作规则等做了具体的规定。

《办法》的出台，填补了我国以水权交易为核心的水资源有偿使用和市场配置的制度空白。对保障和规范水权交易行为、充分发挥市场机制在优化配置水资源中的重要作用、提高水资源利用的效率与效益具有十分重要的意义。

2. 试点探索为水资源有偿使用提供了实践基础

20 世纪末 21 世纪初以来，全国各地积极开展水权交易的实践探索，涌现了京冀应急供水、宁蒙水权转换、张掖水票交易等一大批形式丰富多彩的水权交易实例，为水资源有偿使用和市场配置制度建设提供了实践基础。

（二）水权和水权交易制度内容

1. 水权

水权包括水资源的所有权和使用权。《中华人民共和国水法》（简称《水法》）规定，水资源属于国家所有。水资源的所有权由国务院代表国家行使。农村集体经济组织的水塘和由农村集体经济组织修建管理的水库中的水，归该农村集体经济组织。国家对水资源依法实行取水许可制度和有偿使用制度，但农村集体经济组织及其成员使用本集体经济组织的水塘、水库中的水除外。国务院水行政主管部门负责全国取水许可制度和水资源有偿使用制度的组织实施。依据法律，水权包括水资源的所有权和使用权，其中水资源属国家所有，水权交易的客体是水资源使用权。《水权交易管理暂行办法》（以下简称《办法》）进一步明确了水资源的所有权和使用权。

2. 水权交易

《办法》规定，水权交易是在合理界定和分配水资源使用权的基础上，通过市场机制实现水资源使用权在地区间、流域间、流域上下游、行业间、用水户间流转的行为。

3. 水权交易的类型

《办法》按照水资源使用权确权类型、交易主体和程序，将水权交易分为区域水权交易、取水权交易、灌溉用水户水权交易三大类型。通过交易转让水权的一方称转让方，取得水权的一方称受让方。

（1）区域水权交易

以县级以上地方人民政府或者其授权的部门、单位为主体，以用水总量控制指标和江河水量分配指标范围内结余水量为标的，在位于同一流域或者位于不同流域但具备调水条件的行政区域之间开展的水权交易。因此，区域水权交易的主体均为地方人民政府或者其授权的部门、单位。

（2）取水权交易

获得取水权的单位或者个人（包括除城镇公共供水企业外的工业、农业、服务业取水权人），通过调整产品和产业结构、改革工艺、节水等措施节约水资源的，在取水许可有效期和取水限额内向符合条件的其他单位或者个人有偿转让相应取水权的水权交易。取水权交易是法律法规明确规定的水权交易类型，也有取水许可证这一具有法律效力的载体作为交易依据，是当前实践中最为活跃的交易类型。

（3）灌溉用水户水权交易

主要指灌区内部用水户或者用水户组成的组织等不办理取水许可证但实际用水的主体之间的交易。

4. 水权交易场所

（1）明确水权交易平台的定义和基本要求

明确水权交易平台是指依法设立，为水权交易各方提供相关交易服务的场所或者机构。水权交易一般应当通过水权交易平台进行，也可以在转让方与受让方之间直接进行。

（2）交易要求

规定区域水权交易或者交易量较大的取水权交易，应当通过水权交易平台进行；区域间水权交易应当通过水权交易平台公告交易意向、寻求交易对象，以水权交易平台评估提出的基准价格为协商或者竞价的基础；取水权交易可以通过水权交易平台进行，可以通过水权交易平台公告意向、参考水权交易平台评估提出的基准价格。

（三）区域间水权交易制度的主要内容

1. 交易主体

区域水权交易在县级以上地方人民政府或者其授权的部门、单位之间进行。

2. 交易信息公告

开展区域水权交易，应当通过水权交易平台公告其转让、受让意向，寻求确定交易对象，明确可交易水量、交易期限、交易价格等事项。

3. 交易价格确定

交易各方一般应当以水权交易平台或者其他具备相应能力的机构评估价为基准价格，进行协商定价或者竞价；也可以直接协商定价。

4. 交易协议备案

转让方与受让方达成协议后，应当将协议报共同的上一级地方人民政府水行政主管部门备案；跨省交易但属同一流域管理机构管辖范围的，报该流域管理机构备案；不属同一流域管理机构管辖范围的，报国务院水行政主管部门备案。

5. 交易指标控制

在交易期限内，区域水权交易转让方转让水量占用本行政区域用水总量控制指标和江河水量分配指标，受让方实收水量不占用本行政区域用水总量控制指标和江河水量分配指标。

（四）取水权交易制度

1. 交易主体

取水权交易在取水权人之间进行，或者在取水权人与符合申请领取取水许可证条件的单位或者个人之间进行。

2. 交易申请

取水权交易转让方应当向其原取水审批机关提出申请。申请材料应当包括取水许可证副本、交易水量、交易期限、转让方采取措施节约水资源情况、已有和拟建计量监测设施、对公共利益和利害关系人合法权益的影响及其补偿措施。

3. 审查

原取水审批机关应当及时对转让方提出的转让申请报告进行审查，组织对转让方节水措施的真实性和有效性进行现场检查，在 20 个工作日内决定是否批准，并书面告知申请人。

4. 协议签订

协议签订转让申请经原取水审批机关批准后，转让方可以与受让方通过水权交易平台或者直接签订取水权交易协议，交易量较大的应当通过水权交易平台签订协议。协议内容应当包括交易量、交易期限、受让方取水地点和取水用途、交易价格、违约责任、争议解决办法等。交易价格根据补偿节约水资源成本、合理收益的原则，综合考虑节水投资、计量监测设施费用等因素确定。

5. 办理许可证

交易完成后，转让方和受让方依法办理取水许可证或者取水许可变更手续。

6. 延期处理

转让方与受让方约定的交易期限超出取水许可证有效期的，审批受让方取水申请的取水审批机关应当会同原取水审批机关予以核定，并在批准文件中载明。在核定的交易期限内，对受让方取水许可证优先予以延续，但受让方未依法提出延续申请的除外。

7. 取水权回购

县级以上地方人民政府或者其授权的部门、单位，可以通过政府投资节水形式回购取水权，也可以回购取水单位和个人投资节约的取水权。回购的取水权应当优先保证生活用水和生态用水；尚有余量的，可以通过市场竞争方式进行配置。

（五）灌溉用水户水权交易制度

1. 交易主体

灌溉用水户水权交易在灌区内部用水户或者用水组织之间进行。

2. 用水权益

县级以上地方人民政府或者其授权的水行政主管部门通过水权证等形式将用水权益明确到灌溉用水户或者用水组织之后，可以开展交易。

3. 交易条件

灌溉用水户水权交易期限不超过一年的，不需审批，由转让方与受让方平等协商，自主开展；交易期限超过一年的，事前报灌区管理单位或者县级以上地方人民政府水行政主管部门备案。

4. 交易服务

灌区管理单位应当为开展灌溉用水户水权交易创造条件，并将依法确定的用水权益及其变动情况予以公布。

5. 水权回购

县级以上地方人民政府或其授权的水行政主管部门、灌区管理单位可以回购灌溉用水户或者用水组织水权，回购的水权可以用于灌区水权的重新配置，也可以用于水权交易。

需要说明的是，《办法》对实践中已经出现且比较成熟的3种水权交易类型进行了规范，但并不意味着对其他水权交易类型的排斥。目前，我国水权市场建设方兴未艾，处于蓬勃发展期，应积极鼓励各地充分拓宽思路，结合自身实际，不拘一格地开展实践探索，以积累新经验、探索新模式，不断丰富完善制度设计。

三、水权交易政策分析

1. 建立了水权确权政策

产权明晰是产权交易的前提和基石。在水权确权方面，现行政策明确了确什么权、怎么确权的问题。水权确权是将水资源使用权逐级分解明确到行政区域和取用水户。确权主要包括 4 个步骤，即明确区域用水总量控制指标、明确各行业水资源配置方案、明确各取用水户的可用水量和发放水权证。

水权确权是将水资源使用权逐级分解明确到行政区域和取用水户。对纳入取水许可的取用水户，根据《取水许可和水资源费征收管理条例》，通过发放取水许可证明确取水权；对灌区内农业用水户，由地方政府或其授权的水行政主管部门发放水权证，因地制宜将水权明确到农村集体经济组织、农民用水合作组织、农户等。

2. 建立了水权交易平台

我国水权交易所于 2016 年正式挂牌成立，这是我国水权制度改革进程中的一次标志性事件。水权交易有形市场的建立，是水利改革的一项重大成果，标志着我国水利改革正在向纵深推进。2021 年，中国水权交易所开展水权交易 1511 单，交易水量 3.08 亿立方米，实现交易单数和交易水量双增长。

3. 创新了水权交易模式

水权包括水资源的所有权和使用权，水资源属国家所有，水权交易的是水资源的使用权。水权交易是运用市场机制优化配置水资源的重要手段。在水权交易方面，探索形成了多种行之有效的水权交易模式。从 2014 年 7 月开始，水利部在宁夏、江西、湖北、内蒙古、河南、甘肃、广东等 7 个省（自治区）启动水权试点，各试点地区积极探索开展了跨区域、跨流域、跨行业的水权交易，采取用水户直接交易、政府回购再次投放市场等方式，初步形成了流域间、流域上下游、区域间、行业间和用水户间等多种水权交易模式，更好地发挥了市场在优化配置水资源中的作用，促进了水资源从低效益领域向高效益领域的流转，为全国水权改革提供了可复制、可推广的经验做法。

4. 初步建立了水权交易管理制度

水利部出台了《水权交易管理暂行办法》《关于加强水资源用途管制的指导意见》等政策性文件。宁夏、江西、山东、广东等地以地方性法规或规章的形式明确了水权确权和交易的有关要求，内蒙古、河南、河北、甘肃、湖北宜都等地出台了闲置取用水指标处置、水量交易价格确定、水权收储转让、交易风险防控等方面的制度办法。水权交易有了政策依据和管理规范，这是推进水权交易的制度保障。

5. 产生了积极的政策效应

我国水权交易制度改革起步较晚，政策体系还未完善，但政策产生的正效应还是明显的。从区域整体看，将从农业灌溉用水向工业项目用水转换，调整了用水结构，促进水资源向高效率、高效益行业流转，提升了水资源整体利用效率和效益，进一步优化了水资源的配置；从水资源管理改革层面看，运用政府调控、市场调节、水行政主管部门动态管理相结合的手段，实现两手发力，盘活水资源存量，发挥市场在资源配置中的示范引领效应，促进水资源管理科学、有序发展。

6. 交易市场尚待激活

我国水权交易实践最早始于 2000 年浙江省东阳—义乌的区域水权转让。2014 年，水利部印发《水利部关于开展水权试点工作的通知》，选择了 7 个省（自治区）开展水权试点工作。多年来，我国的水权制度改革在实践中不断探索，局部形成了不少有益的突破，但总体看，水权交易市场尚待进一步激活。

（1）水资源使用权确权工作操作难度大

水权交易的一大前提和难点在于对水资源使用权的确权。只有明晰了初始水权，才能开展后续的水权流转交易，而水资源流动变化的特性决定了水资源使用权确权工作的操作难度很大。我国目前对 3 个方面的水资源使用权确权都有明确要求。对行政区域，依据最严格水资源管理制度"三条红线"控制指标和水量分配方案明确区域取用水权益；对需要办理取水许可证的取用水户，根据区域总量控制指标和用水定额标准，通过水资源论证，科学核定许可水量，给每个用水户颁发许可证进行确权；对灌区内农业用水户，按照限定的定额标准体系，核定每个农户有多少用水权限。

（2）交易形式以协议为主，公开竞争程度不够

从水交所完成的水权交易来看，主要有公开交易和协议转让这两种方式，其中以协议转让方式进行的交易占绝大多数。邓延利说，在今后相当长的时间里，仍将以协议转让为主，这是由水资源的特殊性所决定的。不过，"今后如果超过两家以上竞争同一水权时，应当鼓励采用公开交易的方式，这样才能促进水市场发育成熟"。

（3）水权交易基础条件有待完善

除了体制机制因素，水权交易的进一步活跃还依赖于客观基础条件的改善，包括水资源监测、用水计量等监控能力及水资源管理信息化程度的提高等。

第七章 海域、无居民海岛有偿使用政策及其主要内容

一、海洋资源有偿使用法律政策

我国涉及海域海岛资源有偿使用的法律政策主要有以下几部。

①《中华人民共和国海域使用管理法》（由中华人民共和国第九届全国人民代表大会常务委员会第二十四次会议于 2001 年 10 月 27 日通过，自 2002 年 1 月 1 日起施行）；

②《中华人民共和国海岛保护法》（2009 年 12 月 26 日第十一届全国人民代表大会常务委员会第十二次会议通过）；

③《海域使用管理违法违纪行为处分规定》（2008 年 2 月 26 日公布）；

④《国务院关于国土资源部〈报国务院批准的项目用海审批办法〉的批复》（国函〔2003〕44 号）；

⑤《国务院办公厅关于沿海省、自治区、直辖市审批项目用海有关问题的通知》（国办发〔2002〕36 号）；

⑥《国家海洋局关于印发〈海域使用权登记办法〉的通知》（国

海发〔2006〕28 号）；

⑦《无居民海岛保护与利用管理规定》（国海发〔2003〕10 号）；

⑧国家海洋局发布《关于海域、无居民海岛有偿使用的意见》（2018）。

二、海域资源有偿使用政策的主要内容

《中华人民共和国海域使用管理法》于 2001 年 10 月 27 日由全国人大常委会通过，自 2002 年 1 月 1 日起施行。《中华人民共和国海域使用管理法》的制定，是国家在海域使用管理方面的重大举措，它是我国确立海域使用管理法律制度的明确标志。这部法律中，专章对海域使用权的取得、交易做了规定，建立了海洋资源有偿使用制度。本书中的海洋资源有偿使用政策专指海域使用权交易政策。

（一）海域所有权和海域使用权

1. 海域所有权

现行政策规定，海域属于国家所有，国务院代表国家行使海域所有权。任何单位或者个人不得侵占、买卖或者以其他形式非法转让海域。

2. 海域使用权

现行政策规定，单位和个人使用海域，必须依法取得海域使用权。国家建立海域使用权登记制度，依法登记的海域使用权受法律保护。

（二）海域使用权申请、审批和取得

现行政策对海域使用权取得制度及取得方式做了以下规定。

1. 海域使用权申请

单位和个人可以向县级以上人民政府海洋行政主管部门申请使用海域。申请使用海域的，申请人应当提交下列书面材料：

①海域使用申请书；

②海域使用论证材料；

③相关的资信证明材料；

④法律、法规规定的其他书面材料。

2. 海域使用权审批

县级以上人民政府海洋行政主管部门依据海洋功能区划，对海域使用申请进行审核，并依照《中华人民共和国海域使用管理法》和省、自治区、直辖市人民政府的规定，报有批准权的人民政府批准。海洋行政主管部门审核海域使用申请，应当征求同级有关部门的意见。下列项目用海，应当报国务院审批：

①填海 50 公顷以上的项目用海；

②围海 100 公顷以上的项目用海；

③不改变海域自然属性的用海 700 公顷以上的项目用海；

④国家重大建设项目用海；

⑤国务院规定的其他项目用海。

3. 海域使用权取得

依照现行政策规定，海域使用权除经申请、审批取得以外，还可以通过招标或者拍卖的方式取得。因此，海域使用权取得有以下 3 种方式。

（1）通过申请和行政审批方式取得

通过海域使用申请人的申请，并经有批准权的人民政府的批准取得。国务院批准用海的，由国务院海洋行政主管部门登记造册，向海域使用申请人颁发海域使用权证；地方人民政府批准用海的，由地方人民政府登记造册，向海域使用申请人颁发海域使用权证。海域使用申请人自领取海域使用权证之日起，取得海域使用权。

（2）通过招标拍卖方式取得

海域使用权招标或者拍卖方案由海洋行政主管部门制订，报有审批权的人民政府批准后组织实施。海洋行政主管部门制定招标或者拍卖方案，应当征求同级有关部门的意见。招标或者拍卖工作完成后，依法向中标人或者买受人颁发海域使用权证。中标人或者买受人自领取海域使用权证之日起，取得海域使用权。

（3）农村集体经济组织或者村民委员会海域使用权的取得

本法施行前，已经由农村集体经济组织或者村民委员会经营、管理的养殖用海，符合海洋功能区划的，经当地县级人民政府核准，可以将海域使用权确定给该农村集体经济组织或者村民委员会，由本集体经济组织的成员承包，用于养殖生产。

4. 海域使用权期限

区别各行业用海的不同情况和要求，兼顾不同情况的投资和预期收益，并参照各类土地利用年限、矿权存续年限等的规定，现行政策对海域使用权最高年限做了 6 类不同的规定。

（1）养殖用海 15 年

养殖用海主要包括饲养和繁殖鱼、虾、贝、蟹等海洋生物，以及种植海带、紫菜、医用藻类等海洋植物的用海。

（2）拆船用海 20 年

即指按照国务院 1988 年 5 月 18 日发布的《中华人民共和国防止拆船污染环境管理条例》第三条规定进行的拆船活动用海，包括岸边拆船和水上拆船。岸边拆船指废船停靠拆船码头拆解，废船在船坞拆解，废船冲滩（不包括海难事故中的废船冲滩）拆解；水上拆船指对完全处于水上的废船进行拆解。

（3）旅游、娱乐用海 25 年

指建设开发海上自然景观、旅游休闲、冲浪娱乐等设施和项目的用海。

（4）盐业、矿业用海 30 年

指为开采海盐、采挖海砂、开采海底石油、天然气等矿产资源的用海。

（5）公益事业用海 40 年

如建立海洋珍稀动植物保护区等的用海。

（6）港口、修造船厂等建设工程用海 50 年

指建造各类客运、货运港口、码头和制造、维修各类军用、民用船只及铺设海底电缆、管道等建设项目的用海。

5. 海域使用权届满续期

现行政策规定，海域使用权期限届满，海域使用权人需要继续使用海域的，应当至迟于期限届满前 2 个月向原批准用海的人民政府申请续期。除根据公共利益或者国家安全需要收回海域使

用权的外，原批准用海的人民政府应当批准续期。准予续期的，海域使用权人应当依法缴纳续期的海域使用金。海域使用权期满，未申请续期或者申请续期未获批准的，海域使用权终止。海域使用权终止后，原海域使用权人应当拆除可能造成海洋环境污染或者影响其他用海项目的用海设施和构筑物。具体政策内容如下。

（1）关于续期申请

海域使用权到期后，海域使用权人仍然需要使用该海域的，应当提出续期使用的申请，报相关行政管理部门。

（2）关于海域使用权续期申请的时间和管理部门

海域使用权续期申请的时间为海域使用权期限届满前2个月。续期使用申请的接受和审批部门为原来批准该海域使用权的人民政府。不论原海域使用权的取得是通过申请、审批取得还是通过招标或者拍卖取得，其进行续期申请的程序和要求相同。

（3）关于海域使用权续期申请批准的条件

一般情况下，海域使用权人申请海域使用权续期的，原批准用海的人民政府应当批准其续期使用申请。如果因公共利益和国家安全需要使用该海域的，原批准用海的人民政府也可以不批准海域使用权人的续期使用申请。

（4）关于海域使用金缴纳

经批准准予续期使用的，海域使用权人应当按照规定或者约定的数额缴纳续期的海域使用金。续期使用期间，海域使用权人的权利义务与原来相同。

（三）海域使用权变更、转让和继承

海域使用权作为一种财产权利，与其他财产权利一样具有可流转性。本条现行法律区分不同的主体、不同的流转方式，对海域使用权变更、转让和继承分别做出规定：因企业合并、分立或者与他人合资、合作经营，变更海域使用权人的，需经原批准用海的人民政府批准。海域使用权可以依法转让。海域使用权转让的具体办法由国务院规定。海域使用权可以依法继承。海域使用权变更、转让和继承的具体政策内容如下。

1. 企业海域使用权人变更需经批准的规定

企业因生产经营的需要，可能由一个企业分立为两个或者几个企业，也可能与其他的企业合并为一个企业，还可能与其他企业或者个人进行合资经营、合作经营。不管企业是进行分立、合并还是与他人进行合资、合作经营，都有可能使原有的海域使用权人发生变更，这时就需要更换海域使用权人。目前海域使用权的产生主要源于行政许可审批，仅有当事人双方的合意还不能形成权利主体的改变，必须经过行政审批才能完成这一财产权利主体的改变。因此法律规定企业因合并、分立或者与他人合资、合作经营，需要变更海域使用权人的，需要经原批准用海人民政府的批准。

2. 海域使用权可以依法转让的规定

转让是指一方将自己的某一财物或者某一项权利让与另一方，从而取得一定的报酬作为对价的行为。财物或者权利的原拥有人为出让人，接受财物或者权利的人为受让人。海域使用权类似于土地使用权、矿产开采权等用益物权。按照我国有关法律规定，土地使用权、矿产开采权的转让都有法定条件限制，有的还需要经过有批准权的人民政府或者有关行政主管部门批准才能进行。鉴于我国进行海域使用管理的时间较短、实践经验还不够丰富，本法只规定海域使用权可以依法转让，但对于转让的条件、程序，以及是否需要经过审批等则未做明确规定，而是授权由国务院制定海域使用权转让的具体办法。

3. 海域使用权可以依法继承

考虑到海域使用权是一种财产权利，特别对于传统渔民来讲是生活的基本保障，法律规定海域使用权可以依法继承。因此，继承是以海域使用权人是自然人为前提的。

（四）海域用途管制

现行政策规定，海域使用权人不得擅自改变经批准的海域用途；确需改变的，应当在符合海洋功能区划的前提下，报原批准用海的人民政府批准。这是法律对海域用途管制的规定。具体政策内容如下。

1. 按规划用途使用海域

为更好地利用海域，各级政府负责编制海洋功能区划。编制海洋功能区划要综合考虑海洋的自然属性、经济和社会发展的需要、保护和改进海洋的生态环境、保障海域的可持续利用、促进海洋经济的发展、保障海上的交通安全和保障国防安全。海域使用申请人的使用申请被批准的前提就是要符合海洋功能区划。因此，海域使用权人在使用海域时，必须按照批准的用途使用海域，不能擅自改变海域的用途。

2. 改变用途需依法批准

海域使用权人在使用海域的过程中，确实需要改变海域用途的，需经过法定的程序。一是改变后的用途仍然要符合海洋功能区划，如原来用于养殖海带的海域改为养殖珍珠或对虾，可以认为是符合海洋功能区划的。二是必须报原批准用海的人民政府批准。如果原来用于养殖海带的海域改为采挖海砂，就难以认定其符合海洋功能区划，即使海域使用权人申请改变海域用途，原批准用海的人民政府也不会批准。三是经批准改变的海域用途如符合海洋功能区划，还要相应调整海域使用金及办理海域用途变更登记等。

（五）海域使用权终止和收回

1. 海域使用权终止

海域使用权期满，未申请续期或者申请续期未获批准的，海域使用权终止。海域使用权终止后，原海域使用权人应当拆除可能造成海洋环境污染或者影响其他用海项目的用海设施和构筑物。海域使用权终止的规定包括以下两个方面内容。

（1）海域使用权是一个有时间限制的权利

对于某一个使用人来讲，这种权利只在一定的时间内存在，它不仅有产生，而且还有终止，并且它的产生和终止不是自然发生的，都是由法律规定的。按照本法的规定，海域使用权的产生基于海域使用申请人的申请和行政审批，申请人同时还要缴纳一定的海域使用金才能取得。因此，一种情况是，当海域使用权期满后，如果海域使用权人认为不需要继续使用该海域，或者该海域预期不能提供使海域使用权人满意的经济收益时，海域使用权人就不会申请使用权的续期，这时，海域使用权终止；另一种情况是，海域使用权人申请使用权的续期，但由于发生本法第二十六条规定的情况，有批准权的人民政府不批准该海域使用权延期，这时，海域使用权也终止。

（2）海域使用权终止后，海域使用权的权利消失，但义务并未完全消失

这并非权利义务的不对等，恰恰是权利义务一致的要求。这是因为，海域使用权人在使用海域期间，为了便于自己利用海域，取得最大的经济利益，往往需要建造一些用海设施和构筑物，在海域使用权终止后，这些用海设施和构筑物如果不能被新的海域使用权人利用，就会成为废物，一方面，妨碍新的海域使用权人利用该海域；另一方面，当其腐烂毁坏时，还会对海域造成污染。按照权利义务一致原则的要求，清理这些用海设施和海上构筑物的责任既不应当由新的海域使用权人承担，也不应当由国家承担，因此，本条规定海域使用权终止后，由原海域使用权人拆除可能造成海洋环境污染或者影响其他用海项目的用海设施和海上构筑物，是权利义务一致原则的具体体现。

2. 海域使用权收回

因公共利益或者国家安全的需要，原批准用海的人民政府可以依法收回海域使用权。依照前款规定在海域使用权期满前提前收回海域使用权的，对海域使用权人应当给予相应的补偿。主要政策内容体现在以下两个方面。

（1）提前收回海域使用权的条件

一般情况下，海域使用权的收回应当在海域使用权终止时进行。按照现行政策的规定，在公共利益需要、国家安全的需要这两种情况下，海域使用权可以提前收回。对于公共利益，在理论界和实践中都存在着不同的理解，尤其是公共利益应当界定在多大的范围内，更是不同的人有不同的看法，加上公共利益随着实践的发展，表现形式更加多样，因此，到目前为止，仍然没有界定出一个清晰的范围。

通常情况下，可以这样来理解。例如，如果因海域使用权人的使用，对该海域产生严重污染，造成海域水质和生态环境恶化，影响该海域生态系统安全的，我们认为，这种情况可以视为影响了公共利益，原批准用海的人民政府就可以不必等到海域使用权到期，而依法提前收回该海域的海域使用权。对于国家安全，大家有着比较清晰的认识，通常包括为抵御分裂活动、外国入侵等国家领土主权完整受到侵害等情况。在这种情况下，原批准用海的人民政府也可以不等到海域使用权到期，而依法提前收回海域使用权。

（2）提前收回对海域使用权人权利保护的规定

因公共利益或者国家安全的需要，原批准用海的人民政府依法提前收回海域使用权的，应当对海域使用权人给予相应的补偿。本款规定的依据是，海域使用权的取得不是无偿的，而是海域使用权人在支付了国家一定的海域使用费用，即缴纳了海域使用金后才取得的。

因此，海域使用权实质上是用益物权性质的一种财产权利。

如果国家不提前收回海域使用权，海域使用权人就可以因继续使用该海域取得一定的经济利益。现在，国家提前收回了海域使用权，就等于剥夺了海域使用权人获得预期利益的权利，如果不支付给海域使用权人一定的补偿，就在一定程度上侵犯了海域使用权人的财产权利。因此，国家虽然可以依法提前收回海域使用权，但同时还应当给予海域使用权人相应的补偿。

（六）海域使用金

现行政策规定，国家实行海域有偿使用制度。单位和个人使用海域，应当按照国务院的规定缴纳海域使用金。根据不同的用海性质或者情形，海域使用金可以按照规定一次缴纳或者按年度逐年缴纳。免缴和减缴海域使用含有以下两类情形。

1. 免缴海域使用金

下列用海免缴海域使用金：

①军事用海；

②公务船舶专用码头用海；

③非经营性的航道、锚地等交通基础设施用海；

④教学、科研、防灾减灾、海难搜救打捞等非经营性公益事业用海。

2. 减缴或者免缴海域使用金

下列用海，按照国务院财政部门和国务院海洋行政主管部门的规定，经有批准权的人民政府财政部门和海洋行政主管部门审查批准，可以减缴或者免缴海域使用金：

①公用设施用海；

②国家重大建设项目用海；

③养殖用海。

三、无居民海岛有偿使用政策

2017 年 5 月 23 日，中央全面深化改革领导小组第三十五次会议审议通过了《关于海域、无居民海岛有偿使用的意见》。明确海域、无居民海岛是全民所有自然资源资产的重要组成部分。要以生态保护优先和资源合理利用为导向，对需要严格保护的海域、无居民海岛，严禁开发利用。对可开发利用的海域、无居民海岛，要通过提高用海用岛生态门槛，完善市场化配置方式，加强有偿使用监管等措施，建立符合海域、无居民海岛资源价值规律的有偿使用制度。2018 年 7 月，国家海洋局发布《关于海域、无居民海岛有偿使用的意见》，提出要完善用海用岛市场化配置制度，明确了无居民海岛有偿使用具体政策。主要内容如下。

（一）提高经营性用岛出让比例

进一步减少非市场化方式出让，逐步提高经营性用岛的市场化出让比例。制定海域、无居民海岛招标拍卖挂牌出让管理办法，明确出让范围、方式、程序、投标人资格条件审查等，鼓励沿海各地区在依法审批前，结合实际推进旅游娱乐、工业等经营性项目用岛采取招标拍卖挂牌等市场化方式出让。对于不宜通过市场化方式出让的项目用海用岛，以申请审批的方式出让。保障渔民生产生活用海需求。

（二）细化用岛出让组织实施

地方海洋行政主管部门编制用岛出让方案，应符合规划、国家产业政策和有关规定，明确申请人条件、出让底价、开发利用控制性指标、生态保护要求等，经省级政府批准后实施。竞得人或中标人应当与地方海洋行政主管部门签订出让合同，经依法批准后按照出让方案编制开发利用具体方案，缴纳无居民海岛使用金，并凭出让合同和缴纳凭证等办理不动产登记手续。出让合同主要包括无居民海岛开发利用面积和方式、生态保护措施、使用金缴纳、法定义务等。沿海各地区应当进一步完善无居民海岛开发利用申请审批的相关管理制度、标准、规范。

（三）探索赋予海岛使用权多种权能形式

探索赋予无居民海岛使用权依法转让、抵押、出租、作价出资（入股）等权能。转让过程中改变无居民海岛开发利用类型、性质或其他显著改变开发利用具体方案的，应经原批准用岛的政府同意。

四、海域海岛有偿使用政策分析

（一）海域使用权有偿使用政策的评析

1. 明确了海域使用权的基本属性

现行法律规定，海域属于国家所有，单位和个人使用海域必须依法取得海域使用权。这是建立海域使用管理法律制度的基本前提，也是建立这项制度的核心内容，只有在这个基础上才能形成这种制度，只有明确地界定海域使用权的基本属性，才能决定如何对其实施管理，如何理解和运用这项制度。所以在海域使用管理法的总则中即明确规定，海域属于国家所有，国务院代表国家行使海域所有权；任何单位或者个人不得侵占、买卖或者以其他形式非法转让海域；单位和个人使用海域，必须依法取得海域使用权。在这些法律规定中所表明的政策内涵：

一是海域所有权属于国家，从法律上说，所有权的内容包括占有权、使用权、收益权、处分权，或者说这就是所有权的4项权能；

二是海域使用权的产生是以国家海域所有权为其前提的，海域使用权来源于海域所有权，这种关系决定了海域使用权的基本属性；

三是海域使用权是一种自然资源使用权，它是指非所有人依照法律规定，为一定的目的使用国家所有的海洋资源，这项特点直接影响了海域使用的性质；

四是海域所有权属于国家，这种权利是不能移转的，可以取得的是指其使用权，这是海域使用管理法律制度中的一条基本界限，或者说在这项制度中只涉及取得海域使用权，不涉及取得所有权的问题；

五是授予海域使用权的主体是代表国家行使海域所有权的国务院，而海域使用权的客体是国家所有的海洋资源，这也是由所有权的归属所决定的，至于使用权的具体授予则依照法律规定的权限由有关行政机关执行。

2. 完善了海域使用权取得制度

在海域使用管理法的总则部分明确规定，单位和个人使用海域，必须依法取得海域使用权。海域使用权是一种自然资源的使用权，这已在前面内容中提及，从海域使用权来说，就是单位和个人为了一定的目的使用国家所有的海洋资源，因此使用海域应当先取得海域使用权，国家是海洋资源的所有者，就要从国家那里取得海域使用权。同时，国家作为海域的所有者，对海域的使用管理的必要环节就在于对海域使用权的权属管理，所以海域使用管理法对海域使用权的取得、授予做出了系统的规定，主要内容有如下。

（1）取得海域使用权的法定方式

单位和个人取得海域使用权，可以有3种方式：一是向国家依法确定的海洋行政主管部门申请取得，这是行政依法审批的方式，在当前来说是用得较多的方式；二是招标的方式，就是发挥市场机制的作用，将海域使用权授予公开竞争中的优胜者，以寻求最佳的使用效益；三是拍卖的方式，就是以公开竞价的形式，将海域使用权转让给最高应价者。

（2）取得海域使用权的申请

这是以申请方式取得海域使用权的第一步，也是当前取得海域使用权的一项法定程序，因此海域使用管理法规定，单位和个人可以向县级以上人民政府海洋行政主管部门申请使用海域。

（3）海域使用申请的审批

单位和个人为取得海域使用权而提出申请，对该项申请的审批程序和审批权限，则由海域使用管理法做出规定。

（4）招标或拍卖方式的实施

这就是说，海域使用权可以通过招标或者拍卖方式取得，招标或者拍卖方案由海洋行政主管部门制订，报有审批权的人民政府批准后组织实施。在制订海域使用权招标或者拍卖方案时，海洋行政主管部门应当征求同级有关部门的意见。

（5）海域使用权证的颁发

海域使用权证是确认海域使用权权属的证明文件，由法律规定，具有法律上的效力。对这种证书颁发的有关事项由海域使用管理法规定，主要内容如下。

一是颁发程序。就是海域使用申请经依法批准后，国务院批准用海的，由国务院海洋行政主管部门登记造册，向海域使用申请人颁发海域使用权证；地方人民政府批准用海的，由地方人民政府登记造册，向海域使用申请人颁发海域使用权证。

二是证书效力。海域使用管理法明确规定，海域使用申请人自领取海域使用权证之日起，取得海域使用权。这项规定表明，海域使用权证是确认海域使用权权属的必要证明文件，这个文件的取得与权属的确定是一致的，不可分离，有明显的法律效力。

三是招标或者拍卖方式取得海域使用权证颁发。海域使用权不管是以何种法定的方式取得的，都应颁发海域使用权证书，从法律上确认其权属。因此在法律中规定，招标或者拍卖工作完成后，依法向中标人或者买受人颁发海域使用权证，在这里虽然没有规定具体程序，但是应当明确的是，在依法制订和批准的招标或者拍卖方案中，需要有此项内容的具体安排，以保障中标人或者买受人的合法权益，能够取得海域使用权证。因此，在海域使用管理法中还规定，中标人或者买受人自领取海域使用权证之日起，取得海域使用权。

四是公告程序。海域使用管理法规定，颁发海域使用权证书，应当向社会公告。这种公告是一种法定程序，使海域使用权的归属公开透明，有利于保护使用权人的合法权益，也有利于调整利害关系人之间的关系，还可使海域使用管理受到社会的监督。

五是费用收取。为了防止在颁发海域使用权证时出现乱收费现象，更不允许借此牟取不法利益，造成海域使用权人额外的负担，所以在海域使用管理法中专门规定，颁发海域使用权证，除依法收取海域使用金外，不得收取其他费用。这项规定是很清楚的，领取海域使用权证，仅限于依法交纳海域使用金，而不需要再交纳其他任何费用。

3. 保障和规范海域使用权的实现

海域使用管理法不仅对海域使用权的取得做出规定，而且对这种权利的保护与实施等事项做出规定，也就是不仅确定权属，而且保障和规范其实现。主要政策内容如下。

（1）权利保护

海域使用权是一种财产权利，使用权人可以运用这种权利谋取一定的利益，实现一定的目的。因此，只要是依法取得和运用海域使用权的，其使用权人的合法权利和运用中获得的利益就应当受到法律的保护，其他人对这种权利应当承认，并不得有侵犯的行为。《中华人民共和国海域使用管理法》明确规定，海域使用权人依法使用海域并获得收益的权利受法律保护，任何单位和个人不得侵犯。

（2）应尽的义务

在海域使用中，权利和义务是联系在一起的，享有权利，也应当履行应有的义务。因此，海域使用管理法规定，海域使用权人有依法保护和合理使用海域的义务。这是一项基本义务，在利用海洋资源时，必须是有保护的责任和合理利用的法定要求，行使用海的权利必须履行法定的义务。海域是多功能的，在同一海域中会出现多种用海活动，上面已提及其他人应当尊重海域使用权人的合法权利，而《中华人民共和国海域使用管理法》也规定，海域使用权人对不妨害其依法使用海域的非排他性用海活动，不得阻挠。这是由海域使用的特点所产生的一项重要义务，海域使用权人应当遵循用海的法律秩序，认真履行这项义务。

（3）使用期限

海域使用权是有期限的，期限届满时可以续期，终止使用时有一定的要求，主要规定如下。

一是由法律规定某些特定用途的最高期限。例如，养殖用海为 15 年，拆船用海为 20 年，旅游、娱乐用海为 25 年，盐业、矿业用海为 30 年，公益事业用海为 40 年，港口、修造船厂等建设工程用海为 50 年。这些都是根据用海的性质、需做的投入、可能的收益等情况考虑的。

二是续期使用。这就是在海域使用期限届满，需要继续使用的，海域使用权人应当在期限届满前 2 个月向原批准用海的机关申请续期。对于续期申请，除根据公共利益或者国家安全需要收回海域使用权外，原批准机关应当批准续期。这样规定，有利于维护海域使用权人的利益，稳定用海、合理用海。

三是终止使用。这就是海域使用权期满，海域使用权人未申请续期，或者申请续期未获批准的，海域使用权即行终止。在这种情况下，海域使用管理法做出一项特定的要求，即海域使用权终止后，原海域使用权人应当拆除可能造成海洋环境污染或者影响其他用海项目的用海设施和构筑物。这里之所以仅是特定的要求而未要求拆除所有的用海设施和构筑物，主要是考虑了公共利益的必要性和可行性。

（4）海域使用权的转移

海域使用权作为一项财产权利，可以有一定的流动性，因此海域使用管理法规定了下列3种情形：一是因企业合并、分立或者与他人合资、合作经营，变更海域使用权人的，需经原批准用海的人民政府批准；二是海域使用权可以依法转让，具体办法由国务院规定；三是海域使用权可以依法继承。

（5）海域使用权的收回

这就是因公共需要或者国家安全的需要，原批准用海的人民政府可以依法收回海域使用权；如果这种收回海域使用权是在其使用期限届满前进行的，也就是依法提前收回的，海域使用管理法规定，对海域使用权人应当给予相应的补偿。

（6）海域使用规则

这也就是海域使用权人在用海过程中必须遵守的特定规则，主要有：海域使用权人不得擅自改变经批准的海域用途，确实需要改变的，应当在符合海洋功能区划的前提下，报原批准用海的人民政府批准；海域使用权人在使用海域期间，未经依法批准，不得从事海洋基础测绘；因海域使用权发生争议，当事人协商解决不成的，可以由县级以上人民政府海洋行政主管部门调解，也可以由当事人直接向人民法院提起诉讼；在争议解决前，任何一方不得改变海域使用现状。填海项目竣工后形成的土地，属于国家所有，并应由海域使用权人在法定期限内，依法凭海域使用权证换取国有土地使用权证，确认土地使用权。

4. 确立了海域有偿使用制度的基本规范

海域使用管理法依据宪法明确规定，海域属于国家所有，同时，对海域使用权的权属确定和使用管理做出了一系列的规定，并对作为国家重要资源的海洋资源的合理开发和可持续利用确立了基本规则。在这个基础上或者说与之相适应地建立海域有偿使用制度便是有条件和有必要的。海域使用管理法规定，国家实行海域有偿使用制度，这项规定确定了海域有偿使用制度的法律地位，即这是国家所实行的制度。

这项制度反映了社会主义市场经济在开发利用海洋资源方面的基本要求，适应了维护国家利益和鼓励有效利用国家资源的需要，是近几年来开发利用海洋资源和海域使用管理的经验总结。海域有偿使用制度的实行，有针对性地纠正了无偿使用海域的不正常状态，也大大有利于改变无序、无度地使用海域的不良状况。海域使用管理法设置海域使用金一章，确立了海域有偿使用制度的基本规范，主要内容如下。

（1）海域使用金的缴纳与收取

海域有偿使用制度的一个核心内容是国家对使用海域的单位和个人收取海域使用金，作为对使用国家海洋资源的补偿，海域使用者使用了国家的海洋资源，向国家缴纳海域使用金也是一种应当支付的代价。由于海域使用金的缴纳与收取还有许多具体的事项需要做具体的规定，因而海域使用管理法对其做出如下的基本规定和授权。

一是单位和个人使用海域，应当按照国务院的规定缴纳海域使用金。这项规定是确定使用海域应当缴纳海域使用金，并确定了如何缴纳海域使用金的重要规则，即按照国务院的规定缴纳，这是海域有偿使用的具体体现。

二是海域使用金应当按照国务院的规定上缴财政。这项规定所明确的是海域使用金属国家财政收入，一律上缴财政，但是在中央财政与地方财政之间如何分配，是全部上缴中央财政还是考虑地方的需要而按一定的比例在中央财政与地方财政之间分配，则由国务院决定。

三是对渔民使用海域从事养殖活动收取海域使用金的具体实施步骤和办法，由国务院另行规定。这是由于渔民养殖用海有许多具体情况需要考虑，因此要从这部分用海的实际情况出发，授权国务院另行规定实施步骤和办法，目的是更好地实施这部法律。

四是根据不同的用海性质或者情形，海域使用金可以按照规定一次缴纳或者按年度逐年缴纳。这项规定是立足于海域使用金应当在使用之初缴纳考虑的，如使用期限为5年，可以规定先一次缴纳，也可以规定在年度之初逐年缴纳。

五是海域使用权期限届满，准予续期的，海域使用权人应当依法缴纳续期的海域使用金。

（2）海域使用金的免缴

海域有偿使用，这是基本的原则，但不排除对特定的用海项目采取特殊的规则。例如，关系到军事用途、国家公务的、非经营性基础设施、非经营性公益事业等方面的用海，就可以以法律的形式明确其免缴海域使用金，以保证这些用海项目服务于国家的事业和社会的利益，更能体现这些事业的用海性质。这种免缴海域使用金为法定免缴。表明在国家实行海域有偿制度时，可以在这项制度中做出例外的规定，由法律确定例外的事项，即免缴海域使用金的用海事项。当然，这些用海事项的性质都有严格的、清晰的界定，与其他的用海事项区别开来。

（3）海域使用金经批准减免

这就是在海域有偿使用中，有一些特定的用海项目应当缴纳海域使用金，但考虑到这些项目所发挥的社会效益和可能存在的一定困难，因此在海域使用管理法专门规定，经过一定程序，认为是符合预定条件的，就可以减缴或者免缴海域使用金。需要说明的是，关于海域使用金的规定，很大的区别是法定免缴不需经过批准，而减免则是在一定条件下经过批准。

（二）无居民海岛有偿使用政策分析

2018 年 7 月，国家海洋局发布《关于海域、无居民海岛有偿使用的意见》（简称《意见》），明确了无居民海岛是全民所有自然资源资产的重要组成部分，建立无居民海岛有偿使用制度，有利于充分发挥市场配置资源的决定性作用，符合生态文明体制改革的方向。

《意见》提出，率先在浙江、广东有序推进无居民海岛使用权市场化出让工作，在总结经验的基础上，加快推进海岛保护法修订，做好无居民海岛有偿使用管理规范性文件和标准的制定修订工作。鉴于无居民海岛有偿使用政策属于新的制度安排，政策实施时间较短，所产生的政策效应尚未全面体现，因此，本书暂无法做出客观系统评价。

第八章 现行自然资源资产有偿使用政策分析

自然资源资产划拨、出让、租赁、作价出资及转让、流转等行为，从产权经济学的意义上来讲，就是自然资源所有权之上的使用行为。在这一使用行为中，有偿使用是共同特性（对土地使用者来说，划拨也要缴纳价款）。因此，本章将自然资源资产划拨、出让、租赁、作价出资政策统一在自然资源资产有偿使用政策中进行分析。

一、自然资源资产有偿使用政策的共同特征

（一）现行自然资源资产有偿使用政策，体现了《宪法》和法律框架下所有权和使用权分离的特征

1. 土地所有权与使用权的特征

《中华人民共和国宪法》规定的土地使用权可以按照法律的规定转让，《中华人民共和国土地管理法》对国有土地使用权权能的设定，是对国有土地使用权与所有权相分离做出的最重要的

制度安排。

①1982年《中华人民共和国宪法》禁止土地使用权转让，土地的所有权与使用权未分离。1982年12月4日，第五届全国人民代表大会第五次会议通过了《中华人民共和国宪法》（简称《宪法》）。《宪法》第十条规定："城市的土地属于国家所有。农村和城市郊区的土地，除由法律规定属于国家所有的以外，属于集体所有；宅基地和自留地、自留山，也属于集体所有。国家为了公共利益的需要，可以依照法律规定以土地实行征用。任何组织或者个人不得侵占、买卖、出租或者以其他形式非法转让土地。一切使用土地的组织和个人必须合理地利用土地。"

②1988年《宪法修正案》明确土地的所有权与使用权相分离。1988年4月12日，第七届全国人民代表大会第一次会议通过《宪法修正案》。《宪法修正案》第二条规定：《宪法》第十条第四款"任何组织或者个人不得侵占、买卖、出租或者以其他形式非法转让土地。"修改为："任何组织或者个人不得侵占、买卖、出租或者以其他形式非法转让土地。土地使用权可以按照法律的规定转让"。这一规定的实质是：在坚持土地公有制的前提下，土地的使用权可以与所有权相分离而独立存在。当然，国有土地使用权与其所有权相分离也是《宪法》上述条款的应有之义。

③土地所有权之下设置了多种形式的用益物权和担保物权。在土地所有权之下，依法设立了的土地承包经营权（集体和国有的农用地）、建设用地使用权（国有和集体建设用地）、宅基地使用权、地役权等用益物权，设立了抵押权、质权和留置权等担保物权。

2. 矿产资源所有权与使用权的特征

《中华人民共和国矿产资源法》在坚持《宪法》确定的矿产资源国家所有权基础上，确立了矿产资源的探矿权、采矿权制度，代表国家以所有者身份让渡使用权，矿产资源的所有权与使用权相分离。

（1）国家直接行使矿产资源所有权

1954 年《宪法》就已经明确自然资源属于国家所有。1982 年《宪法》第九条规定：矿藏、水流、森林、山岭、草原、荒地、滩涂等自然资源都属于国家所有，即全民所有。但在计划经济体制时期，除了笼统地强调了矿产资源国家所有权外，并没有涉及其他具体的权属制度。

（2）矿产资源所有权与使用权相分离

1986 年我国颁布第一部《矿产资源法》，1987 年颁布了相配套的 3 个行政法规《矿产资源勘查登记管理暂行办法》、《全民所有制矿山企业采矿登记管理暂行办法》和《矿产资源监督管理暂行办法》，规定矿产资源属于国家所有，地表或者地下的矿产资源的国家所有权，不因其所依附的土地所有权或者使用权的不同而改变，明确了探矿权、采矿权不依附于土地权利而独立存在，从而由矿产资源所有权派生出探矿权、采矿权。首次确立了矿产资源的探矿权、采矿权制度，代表国家以所有者身份让渡使用权。初步奠定了我国矿产资源产权制度的基础，具有里程碑意义。

3. 森林资源所有权与使用权的特征

在坚持宪法确定的森林资源国家所有权和集体所有权基础上，《中华人民共和国森林法》确立了部分森林、林木、林地的使用权可以依法转让,《中华人民共和国农村土地承包法》做出土地承包经营权可以转让、出租、入股、抵押或者其他方式流转,集体森林资源的所有权与使用权（承包经营权）相分离。

（1）森林资源的使用权限制转让

《中华人民共和国森林法》规定,用材林、经济林、薪炭林,用材林、经济林、薪炭林的林地使用权,用材林、经济林、薪炭林的采伐迹地、火烧迹地的林地使用权,可以依法转让,也可以依法作价入股或者作为合资、合作造林、经营林木的出资、合作的条件。

（2）集体林地承包权可依法流转

通过家庭承包取得的林地承包经营权,可以依法采取转包、出租、互换、转让或者其他方式流转;通过招标、拍卖、公开协商等其他方式承包农村林地的流转则相对宽松,法律规定其土地承包经营权可以依法采取转让、出租、入股、抵押或者其他方式流转。党的十八届三中全会以来,国家提出要完善农村土地所有权、承包权、经营权分置,放活土地经营权。

（3）国有森林资源禁止流转

尽管地方自发的国有森林资源流转行为时有发生,但现行法律政策明确规定,"各类国有森林资源在国家没有出台流转办法前,一律不准流转""严禁国有林场森林资源流转",因此,从制度安排上看,国有森林资源的所有权与使用权尚未分离。

4. 草地资源所有权与使用权的特征

《中华人民共和国农村土地承包法》规定农民集体使用的草地,可以转包、出租、转让等方式流转,草原资源的所有权与使用权（承包经营权）相分离。

根据《中华人民共和国农村土地承包法》《农村土地承包经营权流转管理办法》规定，由农民集体所有和国家所有依法由农民集体使用的耕地、林地和草地等农村土地，可以出租、转让、转包、互换、入股及其他方式将承包经营权转移给第三方。草原承包经营权流转，与集体林地承包经营权流转的政策依据基本一致，均体现集体土地所有权和使用权的分离。

5. 水资源所有权与使用权的特征

《中华人民共和国水法》明确水权包括水资源的所有权和使用权，使用权可依法确定给取水用户，水资源所有权与使用权可以分离。

《中华人民共和国水法》规定，水资源属于国家所有。水权包括水资源的所有权和使用权。水资源的所有权由国务院代表国家行使。农村集体经济组织的水塘和由农村集体经济组织修建管理的水库中的水，归各该农村集体经济组织使用。国家对水资源实行取水许可制度和有偿使用制度。在水利部制定的《水权交易管理暂行办法》中，进一步明确设定了可交易的水资源使用权类型，实现了水资源所有权与使用权的分离。

6. 海洋资源所有权与使用权的特征

在海洋资源的产权制度上，海域海岛的国家所有权和使用权相分离，产权设定和权能边界明晰。

（1）海域资源产权关系明晰

现行法律政策规定，海域属于国家所有，国务院代表国家行使海域所有权。任何单位或者个人不得侵占、买卖或者以其他形式非法转让海域。现行政策规定，单位和个人使用海域，必须依法取得海域使用权。国家建立海域使用权登记制度，依法登记的海域使用权受法律保护。简言之，在海洋资源资产的法律政策中，只对海域的所有权和使用权的权能做了界定，明确海域使用权与海域所有权相分离，可以独立存在。明晰的产权关系为海洋资源所有权在经济上的实现奠定了产权基础。

（2）无居民海岛资源产权关系明晰

《中华人民共和国海岛保护法》明确规定，无居民海岛属于国家所有，国务院代表国家行使无居民海岛所有权。单位、个人经依法批准取得开发利用无居民海岛的权利，是无居民海岛国家所有权派生出的用益物权，受法律保护。因此，无居民海岛资源资产产权分为两大层次。第一层次是排他性的国家所有权，它有明确的占有、使用、收益、处分的权利；第二层次是在第一层次的基础上派生出来的权益，在这一层次上，国有无居民海岛资源资产管理部门可以通过具体的行政手段进一步实现第一层次对使用者的支配权。无居民海岛资源资产的产权关系也是十分明晰的。

（二）现行自然资源资产有偿使用政策，体现了建立健全社会主义市场经济体制的基本方向

现行自然资源资产有偿使用政策，建立了反映资源稀缺程序、市场供求关系和环境损害成本的价格形成机制，体现了改革开放40多年来建立健全社会主义市场经济体制的基本取向，符合中央确定的使市场在资源配置中起决定性作用和更好地发挥政府作用的内在要求。

1. 国有土地市场规范运行的制度体系基本确立，市场配置土地资源的基础性作用有效发挥

（1）国有土地市场运行的基本制度框架基本确立

1988 年《宪法》的第一次修正，提出土地使用权可以依法转让，同年修订的《中华人民共和国土地管理法》规定国家依法实行国有土地有偿使用制度。之后相继出台的《中华人民共和国城镇国有土地使用权出让和转让暂行条例》（1990 年）、《中华人民共和国城市房地产管理法》（1994 年）、《中华人民共和国土地管理法实施条例》（1999 年）、《中华人民共和国民法典》（2020 年），建立了国有土地使用权出让、转让、出租等市场交易制度。原国土资源部发布的《招标拍卖挂牌出让国有土地使用权规定（试行）》（2002 年）、《协议出让国有土地使用权规定》（2003 年）、《关于进一步落实工业用地招标拍卖挂牌出让制度有关问题的通知》（2007 年），进一步确立了工业、商业、旅游、娱乐、商品住宅用地的招标拍卖挂牌出让制度。

（2）以基准地价、标定地价和出让最低价为核心的地价体系基本形成

建立和完善了土地价格评估制度，基准地价、标定地价确定和定期更新、公布制度，协议出让国有土地使用权最低价制度，全国工业用地最低出让价控制标准及土地交易价格申报制度。形成了土地市场和城市地价动态监测体系，建立了土地价格评估、土地登记代理等市场中介服务制度。地价体系的建立和完善，不仅对市场交易发挥了指导性作用，也为政府管理和调控土地市场提供了基本手段。

（3）土地储备制度的建立使城市政府调控土地市场的能力明显增强

从 1996 年我国第一家土地储备机构——上海市土地发展中心成立至今，全国 2000 多个市、县相继成立了土地储备中心，普遍形成了国有土地收购—储备—开发整理—公开出让的工作流程。土地储备制度作为政府供应土地、调控土地市场的一种制度安排，被各城市政府广泛认同。政府运用储备手段，掌握一定数量的土地，并根据城市发展和市场需求适时适量供应土地，有效发挥了对土地市场的调控功能。

2. 现行矿业权出让转让等有偿使用政策不断完善，更好地体现了市场在资源配置中的决定性作用

（1）矿业权出让制度不断完善

制度变革大致包含 4 个层面的内容，即从矿业权的不分类到分类出让；从矿业权的无偿取得到有偿取得；从仅为行政审批出让方式，转向行政审批与市场竞争出让方式相结合；从竞争性出让方式的任意性规定到强制性规定。目前形成了以勘查风险分类出让为基本原则的矿业权出让制度体系。实践中，各省（自治区、直辖市）在原国土资源部已有规定的基础上，结合当地矿产资源禀赋条件及矿业权市场建设情况，大多数都出台了本行政区的矿业权出让管理政策，部分省（自治区、直辖市）扩大了探矿权市场竞争出让的范围，除财政出资外，其余勘查项目全部以招标、拍卖、挂牌等市场竞争方式出让，更好地体现了市场在资源配置中的决定性作用。

（2）矿产资源价税费制度不断完善

1994 年制定《中华人民共和国矿产资源法实施细则》和《矿产资源补偿费征收管理办法》，规定矿产资源属于国家所有、地表或者地下的矿产资源的国家所有权，不因其所依附的土地的所有权或者使用权的不同而改变。国务院代表国家行使矿产资源的所有权，采矿权人要依法缴纳资源税和矿产资源补偿费，首次明确了矿产资源国家所有权的经济实现方式，陆续确立了资源税、资源补偿费、矿业权价款等制度。

（3）矿产资源有偿出让范围不断扩大

矿业权出让形成了全面推进竞争性出让，严格限制协议出让的矿业权出让方式制度体系。矿业权出售、合资、合作、上市、抵押及矿业企业分立合并等多种形式流转局面基本形成。矿产资源有偿出让范围不断扩大，招标、拍卖、挂牌、协议等出让方式日趋多元并不断优化。

3. 集体林权流转政策明确了处置权和收益权，规范流转对推进森林资源资产有偿使用和市场配置具有普适性价值

（1）集体林权可依法多方式流转制度确立

现行政策规定，在不改变林地用途和依法自愿有偿的前提下，林地承包经营权人对林地经营权和林木所有权可采取多种方式流转，依法进行转包、出租。

（2）集体林权抵押制度确立

林权抵押贷款实现了山林资源变成资产、资产变成资本，实现了林权资产的资本功能属性，农民在改革中获得的林地经营权和林木所有权具有资本功能，这是农村土地经营制度的重大突破，也是农村金融改革的重大突破，有效破解了农业发展融资难的问题，促进了金融资本向农村流动。

4. 现行草原承包经营权流转政策，为草原进行规模化经营奠定了制度基础

2003 年修订的《中华人民共和国草原法》确认了草原承包经营权流转的法律制度，标志着我国草原承包经营权流转制度进入了法制化轨道。2008 年的《中共中央关于推进农村改革发展若干重大问题的决定》进一步明确提出，农户在承包期内可依法、自愿、有偿流转土地承包经营权，完善流转办法，逐步发展适度规模经营，这些都为草原承包经营权的流转指明了方向，进一步推动了草原的规模化经营。通过流转，使草原从绩效低下的承包人手中流转到绩效较高的承包人手中，进而推动草场的规模化经营，实现资源的优化利用，促进草原经济的高效发展。

5. 现行水权有偿使用政策不断完善，对保障和规范水权交易行为、充分发挥市场机制在优化配置水资源中的重要作用提供了制度依据

（1）水资源有偿使用符合国家要求

中共中央、国务院《关于加快推进生态文明建设的意见》和《生态文明体制改革总体方案》对建立完善水权制度、推行水权交易、培育水权交易市场有明确要求。为了合理开发、利用、节约和保护水资源，实现水资源的可持续利用，建立完善水权制度，推行水权交易，培育水权交易市场，鼓励开展多种形式的水权交易，促进水资源的节约、保护和优化配置，《水权交易管理暂行办法》（简称《办法》），对可交易水权的范围和类型、交易主体和期限、交易价格形成机制、交易平台运作规则等做出了具体的规定。《办法》的出台，填补了我国以水权交易为核心的水资源有偿使用和市场配置的制度空白。对保障和规范水权交易行为，充分发挥市场机制在优化配置水资源中的重要作用，提高水资源利用的效率与效益，具有十分重要的意义。

（2）试点探索为水资源有偿使用提供了实践基础

20世纪末21世纪初以来，全国各地积极开展了水权交易的实践探索，涌现了京津冀应急供水、宁蒙水权转换、张掖水票交易等一大批形式丰富多彩的水权交易实例，为水资源有偿使用和市场配置制度建设提供了实践基础。

6. 现行海域、无居民海岛资源确立的有偿使用和市场化配置制度，有利于提高海洋资源配置效率和合理性，满足海洋经济发展多元化需求

（1）进一步减少非市场化方式出让，逐步提高经营性用海用岛的市场化出让比例

制定海域、无居民海岛招标拍卖挂牌出让管理办法，明确出让范围、方式、程序、投标人资格条件审查等，鼓励沿海各地区在依法审批前，结合实际推进旅游娱乐、工业等经营性项目用岛采取招标拍卖挂牌等市场化方式出让。

（2）不断完善用海的市场化出让配套措施

在编制用岛出让方案，签订出让合同，完善无居民海岛开发利用申请审批的相关管理制度、标准、规范等方面细化政策措施。

（3）完善海域使用权权能

完善海域使用权转让、抵押、出租、作价出资（入股）等

权能，制定海域使用权转让管理办法，明确转让范围、方式、程序等，转让由原批准用海的政府海洋行政主管部门审批。研究建立海域使用权分割转让制度，明确分割条件，规范分割流程。转让海域使用权的，应依法缴纳相关税费。探索赋予无居民海岛使用权依法转让、抵押、出租、作价出资（入股）等权能。完善海域、无居民海岛使用权价值评估制度，制定相关评估准则和技术标准，将海域、无居民海岛使用权交易纳入全国公共资源交易平台。

（三）现行自然资源资产有偿使用政策体现了资源节约集约利用的价值取向

现行自然资源资产有偿使用政策，运用价格形成机制和生态补偿机制，促进自然资源的节约合理利用，是国家生态文明总体制度体系的重要组成部分。

1. 生态文明建设要求节约资源合理利用自然资源，自然资源有偿使用是促进节约集约利用资源的重要手段

节约资源是保护生态环境的根本之策。要大力节约集约利用资源，推动资源利用方式根本转变，加强全过程节约管理，大幅降低对自然资源的消耗，大力发展循环经济，促进生产、流通、消费过程的减量化、再利用、资源化。这既是资源管理理念、管理方式、管理制度实现根本性转变的要求，也是促进绿色发展和生态文明建设的要求。大力推进自然资源的有偿使用和市场配置，发挥经济手段、价格机制，提高自然资源占用、损耗成本，实现自然资源的全面节约和高效利用，是建设资源节约型和环境

友好型社会、走向生态文明新时代内在要求。

2. 现行自然资源资产有偿使用政策是构成自然资源有偿使用制度和生态补偿制度体系的重要内容

《中国共产党第十八届中央委员会第三次全体会议公报》提出："建设生态文明，必须建立系统完整的生态文明制度体系，用制度保护生态环境。要健全自然资源资产产权制度和用途管制制度，划定生态保护红线，实行资源有偿使用制度和生态补偿制度，改革生态环境保护管理体制"。改革开放以来的不同时期，所出台的国有建设用地划拨、出让、租赁、作价出资（入股）政策，矿业权出让和转让政策，集体林权流转政策，草原承包经营权流转政策，水权交易政策、海域使用权转让政策等，是各该自然资源资产有偿使用政策体系的重要组成部分，均体现了不同类型自然资源有偿使用和市场配置的改革取向。

二、自然资源资产有偿使用政策的差异性分析

依据法律法规政策规定，从不同的标准和视角，本节涉及的国有土地、矿产、国有森林、国有草原、水和海洋 6 类自然资源资产有偿使用政策，在所有制性质、权利类型、权能形式、配置方式、价格机制等方面存在着差异性。

（一）从所有制性质上划分，自然资源主要划分为公有制和国有制两类

1. 土地、森林、草原资源实行公有制

《中华人民共和国宪法》第九条规定，矿藏、水流、森林、

山岭、草原、荒地、滩涂等自然资源，都属于国家所有，即全民所有；由法律规定属于集体所有的森林和山岭、草原、荒地、滩涂除外。第十条规定，城市的土地属于国家所有。农村和城市郊区的土地，除由法律规定属于国家所有的以外，属于集体所有；宅基地和自留地、自留山，也属于集体所有。据此可以清晰地看出，我国的土地资源、森林资源和草原资源实行社会主义公有制，表现为全民所有和集体所有两种公有制形式。

2. 矿产、水、海域资源实行国有制

《中华人民共和国宪法》第九条规定，我国的矿产资源和水资源，属于国家所有，即全民所有。《中华人民共和国海域使用管理法》规定，海域属于国家所有，国务院代表国家行使海域所有权。任何单位或者个人不得侵占、买卖或者以其他形式非法转让海域。单位和个人使用海域，必须依法取得海域使用权。《中华人民共和国海岛保护法》第四条规定，无居民海岛属于国家所有，国务院代表国家行使无居民海岛所有权。据此，与土地、森林、草原资源实行全民所有和集体所有的公有制不同，矿产、水、海洋资源实行全民所有制即国有制。

（二）按所有权与使用权分离方式划分，可分为使用权有偿取得和无偿取得

1. 土地使用权和矿业权主要以有偿方式取得

（1）国有建设用地使用权以划拨、出让、租赁、作价出资入股等有偿使用方式取得

《中华人民共和国土地管理法》第二条规定，国家依法实行

国有土地有偿使用制度。但是，国家在法律规定的范围内划拨国有土地使用权的除外。《中华人民共和国土地管理法实施条例》第十七条规定，国有土地有偿使用的方式包括国有土地使用权出让、国有土地租赁、国有土地使用权作价出资或者入股。依据上述法律，在制度上确立了国有土地的有偿使用制度，但在国有土地的取得方式上，仍实行划拨和有偿使用两类方式。依据相关统计数据，在国有土地供应上，划拨供地的比例低于有偿使用的比例，在土地有偿使用的结构中，出让居主导地位。从这个意义上说，土地使用权主要是有偿方式取得。

（2）矿业权主要以有偿方式取得

《中华人民共和国矿产资源法》第五条明确规定，国家实行探矿权、采矿权有偿取得的制度；但是，国家对探矿权、采矿权有偿取得的费用，可以根据不同情况规定予以减缴、免缴。具体办法和实施步骤由国务院规定。从制度上确立了矿产资源的有偿使用制度。

2. 森林、草原资源的使用权未明确以有偿方式取得

（1）相关法律规定

森林资源的使用权未明确有偿使用。

《中华人民共和国森林法》第三条规定，国家所有的和集体所有的森林、林木和林地；个人所有的林木和使用的林地，由县级以上地方人民政府登记造册，发放证书，确认所有权或者使用权。

《中华人民共和国草原法》第十条规定，国家所有的草原，可以依法确定给全民所有制单位、集体经济组织等使用。第十一条规定，依法确定给全民所有制单位、集体经济组织等使用的国家所有的草原，由县级以上人民政府登记，核发使用权证，确认草原使用权。

《中华人民共和国农村土地承包法》第二条规定，农村土地是指农民集体所有和国家所有依法由农民集体使用的耕地、林地、草地，以及其他依法用于农业的土地。第五条规定，农村集体经济组织成员有权依法承包由本集体经济组织发包的农村土地。

土地承包经营权人依法对其承包经营的耕地、林地、草地等享有占有、使用和收益的权利。草地的承包期为 30～50 年。林地的承包期为 30～70 年。承包期届满，由土地承包经营权人按照国家有关规定继续承包。县级以上地方人民政府应当向土地承包经营权人发放土地承包经营权证、林权证、草原使用权证，并登记造册，确认土地承包经营权。

（2）林地、草地使用权从所有权中分离出来后，以土地承包经营权的方式体现出来，但不实行有偿取得方式

从上述法律上看，森林资源、草原资源的使用权依法可以确定给单位和个人使用，但所有权人不采取有偿方式将使用权予以让渡；就土地来说，林地和草地的使用权，在权利形式上为土地承包经营权，在法律凭证上核发林权证和草原使用权证，并明确了承包期。但需要注意的是，林地和草地的土地承包经营不是有偿取得的，而是无偿取得的。

3. 水资源使用权从所有权中分离出来后，未明确以有偿方式取得，水权的有偿使用体现在水资源使用权人之间

《中华人民共和国水法》第七条规定，国家对水资源依法实行取水许可制度和有偿使用制度。《水权交易管理暂行办法》规定，

水权交易是"在合理界定和分配水资源使用权基础上，通过市场机制实现水资源使用权在地区间、流域间、流域上下游、行业间、用水户间流转的行为"。

依据上述法律政策，可以看出，水资源的使用权从所有权中分离出来时，法律上并没有规定水资源的所有权必须在经济上得到实现，换言之，从所有者那里取得水资源的使用权时，法律没有明确以有偿方式取得，即所有权人和使用权人之间的关系不是有偿使用的关系。水资源的使用权在地区间、流域间、流域上下游、行业间、用水户间进行配置时，政策规定必须实行有偿使用，使用权人之间的使用是有偿的。

4. 海域实行有偿使用制度，海域使用权采取行政审批和招标拍卖两种取得方式

《中华人民共和国海域使用管理法》第十九条规定，海域使用申请经依法批准后，国务院批准用海的，由国务院海洋行政主管部门向海域使用申请人颁发海域使用权证；地方人民政府批准用海的，由地方人民政府颁发海域使用权证。第二十条规定，海域使用权除依照本法第十九条规定的方式取得外，也可以通过招标或者拍卖的方式取得。招标或者拍卖工作完成后，依法向中标人或者买受人颁发海域使用权证。第三十三条规定，国家实行海域有偿使用制度。单位和个人使用海域，应当按照国务院的规定缴纳海域使用金。

从以上 3 个条款的规定可以看出，海域实行有偿使用。有偿使用的方式分两种：一种是政府批准使用海域的，实行有偿使用，类似于土地使用权的协议出让方式；另一种是以招标拍卖方式取得海域使用权的，属于市场配置方式。

（三）自然资源用益物权再配置

从自然资源用益物权再配置上划分，自然资源资产涉及的权利类型主要包括用益物权和担保物权等，不同自然资源资产的权利形式和权能内容存在差异。

1. 国有土地使用权可以转让、出租、抵押，权能内容丰富

《中华人民共和国城镇国有土地使用权出让和转让暂行条例》、《中华人民共和国城市房地产管理法》和《中华人民共和国土地管理法实施条例》等多部法律法规明确规定，国有土地使用权可以转让、出租和设定抵押。与其他自然资源资产类相比，国有土地使用权作为用益物权，从制度上赋予了国有建设用地使用权更多的占用、使用、收益和部分处分权，权能内容最为丰富和完善。

2. 矿业权转让、出租、抵押的制度设计初步形成，但尚未上升为法律

《中华人民共和国矿产资源法》明确了矿业权有偿使用，但对有偿使用涉及的权利设定和权能内容没有明确。《矿业权出让转让管理暂行规定》（简称《暂行规定》）第三十六条规定，矿业权转让是指矿业权人将矿业权转移的行为，包括出售、作价出资、合作、重组改制等。第四十九条规定，矿业权出租是指矿业权人作为出租人将矿业权租赁给承租人，并向承租人收取租金的行为。第五十五条规定，矿业权抵押是指矿业权人依照有关法律作为债务人以其拥有的矿业权在不转移占有的前提下，向债权人提供担保的行为。

上述规定从物权的视角看，明确了矿业权的用益物权和担保物权，制度体系是完善的。但《暂行规定》只是规范性文件，不是法律法规。

3. 集体林权和草原承包经营权可以流转，水权可以交易

（1）集体林权和草原承包经营权流转

《中华人民共和国农村土地承包法》第三十二条规定，通过家庭承包取得的土地承包经营权可以依法采取转包、出租、互换、转让或者其他方式流转。

依据上述法律规定，集体林权和草原资源的用益物权形式是土地承包经营权，土地承包经营权可以多种方式流转。

（2）水权交易

《水权交易管理暂行办法》第二条规定，水权包括水资源的所有权和使用权。水权交易是指在合理界定和分配水资源使用权基础上，通过市场机制实现水资源使用权在地区间、流域间、流域上下游、行业间、用水户间流转的行为。从法理上说，水权的交易就是水权的转让。需要说明的是，水权交易制度还停留在规范性文件层面，相关规定是由行政主管部门做出的，尚未上升为国家法律。

4. 海域使用权可以转让

《中华人民共和国海域使用管理法》第二十七条规定，海域使用权可以依法转让。海域使用权转让的具体办法，由国务院规定。《关于海域、无居民海岛有偿使用的意见》提出，探索赋予海域、无居民海岛使用权依法转让、抵押、出租、作价出资（入股）等权能。因此，法律只规定海域使用权可以依法转让，但对于转

让的条件、程序，以及是否需要经过审批等程序性要求则未做明确规定，国务院也没有制定海域使用权转让的行政法规。赋予海域、无居民海岛使用权依法转让、抵押、出租、作价出资（入股）等权能，目前还在探索阶段。

（四）自然资源资产有偿使用形成的市场化程度

从自然资源资产有偿使用形成的市场化程度划分，不同资源市场发育程度不同。

1. 国有土地市场发育较为成熟

土地市场是指我国建设用地使用权市场，目前，有法律规范可以进入土地市场的主要是国有建设用地使用权。土地市场包括两个层次：第一层次体现国家作为土地所有权人，以出让、租赁等有偿方式让渡国有土地使用权，而与土地使用权人所发生的有关土地的经济关系；第二层次体现了土地使用权人对国有土地使用权再转让，而与其他土地使用权人间所发生的有关土地的经济关系。经过30多年的制度建设和实践推动，建立了城镇国有土地使用权出让、转让、出租、抵押、作价出资（入股）等交易制度，形成了由出让、出租、作价出资（入股）等方式构成的土地一级市场，由转让、出租、抵押、作价出资（入股）等方式构成的土地二级市场。与其他自然资源资产相比，土地市场体系基本形成，市场发育较为成熟，市场化程度相对较高。

2. 矿业权市场发展迅速

1996年《中华人民共和国矿产资源法》的修改，在法律上肯定了矿业权的两种属性，即财产属性和商品属性同时也是对矿业权的使用价值和交换价值的肯定，从一定意义上说，这是新兴矿业权市场开始的一个标志。随着社会主义市场经济的不断发展和体制的不断完善，矿业经济利益逐渐主体多元化，相继建立的矿产资源有偿使用制度和矿业权有偿取得、依法流转制度，显化了市场有效配置矿产资源的基础性作用。总体上看，我国矿业权市场虽然基础较弱，但发展迅速，矿业权一级市场和二级市场已基本形成。

3. 集体林权市场处于起步阶段，草原资源市场尚未形成

我国林权市场处于起步阶段，还是属于一个需要培育的市场，目前区域性的有南方林业产权交易所、中国林权交易所和华东林权交易所，做得最好的是南方林权交易所；林权的变现目前不能说很大，但市场在发展，有一些大型的企业在抢占山头；西南地区的价格不高，天保工程覆盖了很多地方，另外，有些树种的生长周期过长，流动性一般，关键看林地质量和资源情况。需要说明的是，在市场交易的范围上，可以流转的只是集体所有的林权，国有森林资源有偿使用和市场交易制度还在设计阶段。

由于欠缺立法的具体规定，草原承包经营权入市流转尚未实现规模化、制度化，交易市场尚未形成。

4. 水权交易仅限于二级市场，用海用岛市场发育缓慢

我国水权交易制度改革起步较晚，政策体系还未完善，但政策产生的正效应还是明显的。交易形式以协议为主，公开竞争程度不够。水权交易仅限于二级市场，一级市场尚未放开。

2002 年我国出台《中华人民共和国海域使用管理法》，确立了

海域有偿使用制度；2007 年海域使用权写入《中华人民共和国物权法》之后，海域有偿使用有了更加明确的法律基础。但对于海域有偿使用制度建立后的市场化操作，一些地方虽然作了一些尝试，还是缺乏相关的法律保障和具体的操作方式，海域使用权市场制度并未建立起来。我国海域使用权市场化配置发展过程中，市场对资源配置的决定性作用尚未充分发挥，海域使用权价值评估机制尚不完善，海域使用金动态调整机制不健全。

另外，无居民海岛使用权市场化配置，无论在制度设计上还是在操作层面，都还处于探索阶段。可以说，在市场化配置的法律体系建构、价值评估体系完善、交易服务平台搭建等方面，用海用岛还存在各种缺失，市场发育缓慢。

（五）从自然资源资产有偿使用政策体系的系统性、完整性划分，国有建设用地使用权有偿使用体系较为完备

1. 国有建设用地使用权有偿使用体系较为完备

国有建设用地有偿使用政策体现在《宪法》、法律、行政法规、地方性法规、部门规章和规范性文件中，体系和内容较完备。

（1）国有建设用地有偿使用法律政策体系完善

据不完全统计，规范国有建设用地有偿使用的法律有《中华人民共和国宪法》《中华人民共和国民法通则》《中华人民共和国土地管理法》《中华人民共和国城市房地产管理法》《中华人民共和国城乡规划法》等 5 部；行政法规有《中华人民共和国城镇国有土地使用权出让和转让暂行条例》《城市房地产开发经营管理条例》《中华人民共和国土地管理法实施条例》《不动产登记暂行

条例》等 4 部；部门规章有《划拨土地使用权管理暂行办法》（2019年废止）、《国有企业改革中划拨土地使用权管理暂行规定》（2019年废止）、《划拨用地目录》、《协议出让国有土地使用权规定》、《招标拍卖挂牌出让国有建设用地使用权规定》、《违反土地管理规定行为处分办法》、《闲置土地处置办法》、《节约集约利用土地规定》、《不动产登记暂行条例实施细则》等 9 个；5 个司法解释、7 个国务院文件和几十个国家部委下发的规范性文件形成了由宪法、法律、行政法规和地方性法规、部门规章和规范性文件组成的完善的规范国有建设用地使用权法律政策体系。

（2）国有建设用地有偿使用政策内容丰富

国有建设用地有偿使用分两个层次，第一个层次是土地所有权人将土地使用权有偿确定给单位和个人使用的行为，如出让、租赁等，由此形成常说的土地一级市场；第二个层次是土地使用权人将其土地使用权有偿让渡给单位和个人使用的行为，如转让、出租等，由此形成土地二级市场。现行法律、法规和规范性文件，对国有建设用地的划拨、出让、租赁、作价出资和转让、出租、抵押等行为，从原则、条件、程序、权能、监管等环节做了详尽的规定，与其他自然资源资产有偿使用政策相比，国有建设用地有偿使用的政策内容最为丰富。

（3）国有建设用地有偿使用政策操作性强

国有建设用地有偿使用法律政策中，既有实体性规定，也有程序性规定；既有政策要求，也有标准、规程和技术规范。因此，国有建设用地从供地方式、供地标准、供地价格、供地条件、供地程序、供地合同、土地转让、抵押等环节，都有较强的操作性。

2. 矿产资源有偿使用的法律政策较为完善，操作性较强

（1）矿产资源有偿使用法律政策体系较完善

据不完全统计，规范矿产资源有偿使用的法律法规有《中华人民共和国宪法》《中华人民共和国矿产资源法》《中华人民共和国矿产资源法实施细则》等，国家相关部委发布的规范性文件有《矿业权出让转让管理暂行规定》《探矿权采矿权转让管理办法》《关于进一步规范矿业权出让管理的通知》等，从而形成了由宪法、法律、行政法规和规范性文件组成的较为完善矿产资源有偿使用政策体系。

（2）矿产资源有偿使用政策内容丰富，操作性较强

现行法律、法规和规范性文件中，对矿业权出让和转让的方式、范围、条件、程序、权能等做了明确规定，有偿使用的政策内容丰富，操作性较强。

3. 森林、草原、水和海洋资源有偿使用法律政策体系有待完善

（1）森林、草原、水和海洋资源有偿使用法律政策体系有待完善

从法律政策体系上看，《中华人民共和国森林法》《中华人民共和国草原法》《中华人民共和国水法》并没有涉及森林、草原和水资源资产有偿使用的具体条款规定。在《中华人民共和国农村土地承包法》中，只对集体林地、草地的承包经营和流转做了相应规定，这只是从地上来讲的，并没有涉及林地、草地之外的其他森林和草原资源，而且有偿使用或流转只针对集体所有的林草

地，对国有部分涉及很少；在《中华人民共和国水法》中，没有涉及水资源的入市流转的法律规定，《水权交易管理暂行办法》只是部委规范性文件。水资源有偿使用和市场配置制度尚未上升为国家法律制度；《中华人民共和国海域使用管理法》对海域使用权的取得、交易做出规定，建立了海洋资源有偿使用制度。2018 年下发的《关于海域、无居民海岛有偿使用的意见》，也只是部委规范性文件，尚未纳入法制化轨道。

（2）森林、草原、水和海洋资源有偿使用政策内容有待完善

与土地和矿产资源相比，现行法律、法规和规范性文件中，对森林、草原、水和海洋资源实行有偿使用和市场配置的法律条款多，实施层面的政策、标准、程序规范少；法律政策中实体性内容多，操作程序规定少。另外，表 8-1 给出了自然资源资产有偿使用情况对比。

表 8-1　自然资源资产有偿使用情况对比

序号	类型	有偿使用权利类型	所有制性质	所有权与使用权分离方式	用益物权配置方式	主要政策
1	土地	国有建设用地使用权	公有	划拨、出让、租赁、作价出资	转让、出租抵押	5 部法、4 部行政法规、9 个部门规章、5 个司法解释、7 个国务院文件和几十个国家部委规范性文件
2	矿产	探矿权采矿权	国有	出让	转让	3 部法、3 个国家相关部委发布的规范性文件，较为完善的政策体系
3	森林	集体林权	公有	承包经营权	转让	《中华人民共和国森林法》但未涉及有偿使用的具体条款规定

续表

序号	类型	有偿使用权利类型	所有制性质	所有权与使用权分离方式	用益物权配置方式	主要政策
4	草原	草原承包经营权	公有	—	—	《中华人民共和国草原法》但未涉及有偿使用的具体条款规定
5	水	—	国有	使用权	—	《中华人民共和国水法》（但未涉及有偿使用的具体条款规定）、《水权交易管理暂行办法》
6	海洋	—	国有	使用权	—	《中华人民共和国海域使用管理法》《关于海域、无居民海岛有偿使用的意见》

第九章　完善自然资源资产有偿使用政策的对策思路

一、完善自然资源资产有偿使用政策的总体方向

（一）完善自然资源资产有偿使用政策的根本遵循

1. 中共中央关于全面深化改革若干重大问题的决定

2013 年 11 月 12 日，中国共产党第十八届中央委员会第三次全体会议通过《中共中央关于全面深化改革若干重大问题的决定》（简称《决定》），从改革的方向上，对资源实行有偿使用和市场配置提出明确要求。《决定》的相关表述如下。

（1）关于生态文明体制改革

紧紧围绕建设美丽中国深化生态文明体制改革，加快建立生态文明制度，健全国土空间开发、资源节约利用、生态环境保护的体制机制，推动形成人与自然和谐发展的现代化建设新格局。

（2）关于市场配置资源

紧紧围绕使市场在资源配置中起决定性作用深化经济体制改

革，坚持和完善基本经济制度，加快完善现代市场体系、宏观调控体系、开放型经济体系，加快转变经济发展方式，加快建设创新型国家，推动经济更有效率、更加公平、更可持续发展。

（3）关于政府与市场

经济体制改革是全面深化改革的重点，核心问题是处理好政府和市场的关系，使市场在资源配置中起决定性作用和更好发挥政府作用。市场决定资源配置是市场经济的一般规律，健全社会主义市场经济体制必须遵循这条规律，着力解决市场体系不完善、政府干预过多和监管不到位问题。

必须积极、稳妥地从广度和深度上推进市场化改革，大幅减少政府对资源的直接配置，推动资源配置依据市场规则、市场价格、市场竞争实现效益最大化和效率最优化。政府的职责和作用主要是保持宏观经济稳定，加强和优化公共服务，保障公平竞争，加强市场监管，维护市场秩序，推动可持续发展，促进共同富裕，弥补市场失灵。

（4）关于产权保护

产权是所有制的核心。健全归属清晰、权责明确、保护严格、流转顺畅的现代产权制度。

（5）关于市场体系建设

建设统一开放、竞争有序的市场体系，是市场在资源配置中起决定性作用的基础。

（6）关于建立城乡统一的建设用地市场

在符合规划和用途管制前提下，允许农村集体经营性建设用地出让、租赁、入股，实行与国有土地同等入市、同权同价。缩小征地范围，规范征地程序，完善对被征地农民合理、规范、多元保障机制。扩大国有土地有偿使用范围，减少非公益性用地划拨。建立兼顾国家、集体、个人的土地增值收益分配机制，合理提高个人收益。完善土地租赁、转让、抵押二级市场。

2.《中共中央　国务院关于加快推进生态文明建设的意见》

2015 年，《中共中央　国务院关于加快推进生态文明建设的意见》（简称《意见》）从加快形成人与自然和谐发展的现代化建设新格局，开创社会主义生态文明新时代的高度，对资源实行有偿使用和市场配置提出明确要求。《意见》的相关表述如下。

（1）关于生态文明建设的指导思想

其中重要的一点是，坚持把深化改革和创新驱动作为基本动力。充分发挥市场配置资源的决定性作用和更好发挥政府作用，不断深化制度改革和科技创新，建立系统完整的生态文明制度体系，强化科技创新引领作用，为生态文明建设注入强大动力。

（2）关于生态文明建设的主要目标

到 2020 年，生态文明重大制度基本确立。基本形成源头预防、过程控制、损害赔偿、责任追究的生态文明制度体系，自然资源资产产权和用途管制、生态保护红线、生态保护补偿、生态环境保护管理体制等关键制度建设取得决定性成果。

（3）关于健全生态文明制度体系

加快建立系统完整的生态文明制度体系，引导、规范和约束各类开发、利用、保护自然资源的行为，用制度保护生态环境。研究制定节能评估审查、节水、应对气候变化、生态补偿、湿地保护、生物多样性保护、土壤环境保护等方面的法律法规，修订土地管理法、大气污染防治法、水污染防治法、节约能源法、循环经济促进法、矿产资源法、森林法、草原法、野生动物保护法等。

（4）关于健全自然资源资产产权制度和用途管制制度

对水流、森林、山岭、草原、荒地、滩涂等自然生态空间进行统一确权登记，明确国土空间的自然资源资产所有者、监管者及其责任。完善自然资源资产用途管制制度，明确各类国土空间开发、利用、保护边界，实现能源、水资源、矿产资源按质量分级、梯级利用。严格节能评估审查、水资源论证和取水许可制度。坚持并完善最严格的耕地保护和节约用地制度，强化土地利用总体规划和年度计划管控，加强土地用途转用许可管理。完善矿产资源规划制度，强化矿产开发准入管理。有序推进国家自然资源资产管理体制改革。

3.《国务院关于全民所有自然资源资产有偿使用制度改革的指导意见》

2016年，《国务院关于全民所有自然资源资产有偿使用制度改革的指导意见》（简称《意见》），进一步明确实行国有土地、水、矿产、国有森林、国有草原、海域海岛资源资产有偿使用制度是生态文明制度体系的一项核心制度，并提出了有偿使用制度改革的具体要求。

（1）主要目标

到2020年，基本建立产权明晰、权能丰富、规则完善、监管有效、权益落实的全民所有自然资源资产有偿使用制度，使全民所有自然资源资产使用权体系更加完善，市场配置资源的决定性作用和政府的服务监管作用充分发挥，所有者和使用者权益得到切实维护，自然资源保护和合理利用水平显著提升，实现自然资源开发利用和保护的生态、经济、社会效益相统一。

（2）重点任务

《意见》明确了6类自然资源资产有偿使用制度改革的重点任务。

①国有土地。对生态功能重要的国有土地，要坚持保护优先，其中依照法律规定和规划允许进行经营性开发利用的，全面实行有偿使用；扩大国有建设用地有偿使用范围，加快修订《划拨用地目录》；鼓励可以使用划拨用地的公共服务项目有偿使用国有建设用地；探索建立国有农用地有偿使用制度，对国有农场、林场（区）、牧场改革中涉及的国有农用地，参照国有企业改制土地资产处置相关规定，采取国有农用地使用权出让、租赁、作价出资（入股）、划拨、授权经营等方式处置。

②水。健全水资源费征收制度，合理调整水资源费征收标准，大幅提高地下水特别是水资源紧缺和超采地区的地下水水资源费征收标准；严格水资源费征收管理，按照规定的征收范围、对象、标准和程序征收，确保应收尽收，任何单位和个人不得擅自减免、缓征或停征水资源费；推进水资源税改革试点，鼓励通过依法规范设立的水权交易平台开展水权交易，区域水权交易或者交易量较大的取水权交易应通过水权交易平台公开公平公正进行。

③矿产。明确矿产资源国家所有者权益的具体实现形式，建立矿产资源国家权益金制度；在矿业权出让环节，取消探矿权

价款、采矿权价款，征收矿业权出让收益；进一步扩大矿业权招标、拍卖、挂牌出让范围，严格限制矿业权协议出让；完善矿业权分级分类出让制度，合理划分各级自然资源部门的矿业权出让审批权限；完善矿业权有偿占用制度，在矿业权占有环节，将探矿权、采矿权使用费调整为矿业权占用费；完善矿产资源税费制度。

④国有森林。研究制定国有林区、林场改革涉及的国有林地使用权有偿使用的具体办法。通过租赁、特许经营等方式积极发展森林旅游。

⑤国有草原。全民所有制单位改制涉及的划拨国有草原使用权，按照国有农用地改革政策实行有偿使用；稳定和完善国有草原承包经营制度，规范国有草原承包经营权流转；对已确定给农村集体经济组织使用的国有草原，继续依照现有土地承包经营方式落实国有草原承包经营权；国有草原承包经营权向农村集体经济组织以外单位和个人流转的，应按有关规定实行有偿使用。

⑥海域海岛。完善海域使用权出让、转让、抵押、出租、作价出资（入股）等权能，逐步提高经营性用海市场化出让比例，明确市场化出让范围、方式和程序，完善海域使用权出让价格评估制度和技术标准，将生态环境损害成本纳入价格形成机制；探索赋予无居民海岛使用权依法转让、出租等权能。研究制定无居民海岛使用权招标、拍卖、挂牌出让有关规定。鼓励地方结合实际推进旅游娱乐、工业等经营性用岛采取招标、拍卖、挂牌等市场化方式出让。建立完善无居民海岛使用权出让价格评估管理制度和技术标准。

（二）自然资源资产有偿使用的基本原则

1. 突出保护、合理利用

要坚持统筹资源保护与开发，突出保护生态环境。促进建立体现资源稀缺、反映生态补偿和环境损害成本的资源价格形成机制。

2. 两权分离、扩权赋能

适应经济社会发展多元化需求和自然资源资产多用途属性，创新自然资源资产所有权实现形式，推动所有权和使用权分离，完善自然资源资产使用权体系，丰富自然资源资产使用权权利类型，扩大使用权的出让、转让、出租、担保、入股等权能。

3. 市场配置、完善规则

充分发挥市场配置资源的决定性作用，按照公开、公平、公正和竞争择优的要求，明确自然资源资产有偿使用准入条件、方式和程序，鼓励竞争性出让，规范协议出让，支持探索多样化有偿使用方式，推动将自然资源资产有偿使用逐步纳入统一的公共资源交易平台，完善自然资源资产价格评估方法、管理制度和价格形成机制。

4. 明确权责、分级行使

坚持集中统一与分类分级管理相结合。集中统一是由自然资源所有制决定的，分类分级是与自然资源特点和管理实践需要相适应的。合理划分中央和地方政府对自然资源资产的处置权限，创新管理体制，明确和落实主体责任，实现效率和公平相统一。

二、完善自然资源资产有偿使用政策的工作思路

（一）完善自然资源资产法律政策体系

1. 找法律政策缺项

在推进自然资源有偿使用制度改革工作中，从顶层设计的视角，梳理国有土地、矿产、国有森林、国有草原、水、海域海岛等6类自然资源资产的法律政策，找出短板和缺项，为健全完善法律政策体系提供决策依据。

2. 完善法律政策"立改释"

通过"立改释"，研究制定"补齐"国有土地、矿产、国有森林、国有草原、水、海域海岛等6类资源资产有偿使用的相关法律政策。现行自然资源法律中没有对有偿使用进行规范的，有法律但没有行政法规对有偿使用进行规范的、有法律法规但没有政策性文件对有偿使用的实施进行规范的，法律存在缺位或不完善的，应按程序推动相关法律法规"立改释"，推进自然资源有偿使用在法律、法规、政策层面的完整系统和程序上的可操作。

（二）健全完善自然资源有偿使用管理制度

基于自然资源资产有偿使用制度改革统一于生态文明和市场配置的宏观制度要求，但各类自然资源资产之间差异性较大，具体政策内容难以统一适用所有自然资源资产类型，必须分类设计。在研究制定管理目标相近、管理内容相异自然资源资产有偿使用政策时，对政策的目的依据、原则、目标做统一规定；对各类自然资源资产有偿使用的实质性内容，如有偿使用的范围、条

件、程序、价格、收益等分别进行规定；对有偿使用的监督管理、法律责任进行统一规定的制定方式。

1. 统一规范自然资源资产有偿使用管理的总体要求

从宏观制度背景上说，生态文明建设、绿色发展、节约利用资源、发挥市场配置资源决定性作用，是土地、矿产、森林、草原、水、海域海岛自然资源开发利用必须遵循的基本原则。在制定和完善自然资源资产有偿使用的法律法规时，制定的目的、依据、基本原则等，均要体现上述原则要求。

2. 分类规范自然资源资产有偿使用的具体政策措施

具体来说，在建立和完善土地、矿产、森林、草原、水、海域海岛自然资源有偿使用的实体性制度和程序性制度时，应充分体现上述资源之间的差异性，在有偿使用的范围、有偿使用和市场配置方式、价格评估和确定、有偿使用收益分配、有偿使用的权能设定和权利类型、有偿使用合同等方面，结合现行法律法规政策、地方实践、成熟的经验做法，充分体现政策内容的差异性、实施程序的可操作性和政策效果的可预见性。特别是，由于土地有偿使用制度确立时间较早，供地范围、供地条件、供地标准、供地价格、供后开发利用和监管等实体性政策、操作程序、标准规程规范较为成熟，土地市场比较成熟，因此，在创新完善矿产、森林、草原、水、海域海岛自然资源有偿使用政策中，可以有针对性地借鉴土地有偿使用制度的成熟经验。

3. 统一规范自然资源资产有偿使用的管理要求

在自然资源资产有偿使用管理中，交易信息的公开、交易规则的制定、交易平台的建设、交易行为的监管、法律责任等，在管理要求上有较强的趋同性。因此，在制定自然资源资产有偿使用管理规则时，应侧重统一性和规范性。

（三）规范完善自然资源资产有偿使用制度政策的重点

1. 国有土地资源

国有土地有偿使用改革的重点内容是建立国有农用地有偿使用制度，明确国有农用地的使用方式、供应方式、范围、期限、条件和程序。

2. 矿产资源

关于矿业用地的有偿使用制度及规定，具体内容包括：

①矿业用地的市场准入；

②矿业用地的取得方式和取得程序；

③矿业用地期限确定；

④不同期限矿业用地价款确定；

⑤矿业用地的审批；

⑥矿业用地的退出；

⑦矿业用地的相邻关系；

⑧矿业用地损害赔偿制度等。

3. 森林资源

国有森林资源有偿使用制度的具体内容：

①明确国有森林资源资产有偿使用的范围；

②明确各类国有森林资源资产的有偿使用方式；

③合理划分中央与地方有偿使用的审批权限；

④森林及其景观资产评估方法和林地评估定价标准；

⑤国有森林资源资产公共资源交易平台；

⑥国有森林资源资产有偿使用收益管理等。

4. 草原资源

在推进草原承包经营权流转制度改革中，重点完善以下政策内容：

①进一步确定草原承包经营权转让主体、放宽对受让主体的限制；

②规范草原承包经营权转让、转包、合作、抵押方式及符合法律、法规和国家规定的多种流转形式；

③明确草原承包经营权审批权限；

④建立流转合同登记备案制度等。

5. 水资源

水权有偿使用制度改革应重点推进以下领域和环节：

①制定水权转让管理办法，规范水权转让的条件、审批程序、权益和责任转移及对水权转让与其他市场行为关系；

②规范水权转让合同文本；

③建立水权转让协商制度；

④建立水权转让第三方利益补偿制度，明确水权转让对周边地区、其他用水户及环境等造成的影响进行评估、补偿的办法；

⑤实行水权转让公告制度；

⑥建立水市场运行规则和相关管理、仲裁机制及包括价格监管等交易行为监管机制；

⑦探索水银行机制，制定水银行试行办法，通过水银行调蓄、流转水权。

6. 海洋资源

在推进海域、无居民海岛有偿使用制度改革中，应加快建立健全以下政策制度：

①制定海域、无居民海岛招标拍卖挂牌出让管理办法，明确出让范围、方式、程序、投标人资格条件审查等；

②制定海域使用权转让管理办法，明确转让范围、方式、程序等；

③完善海域、无居民海岛使用权价值评估制度，制定相关评估准则和技术标准；

④搭建海域、无居民海岛使用权公共资源交易平台；

⑤制定海域使用金征收标准，定期调整并向社会公布等。

（四）完善自然资源资产有偿使用制度政策的工作路径

鉴于自然资源资产有偿使用制度的改革涉及法律政策涉及的层级多、类型多、部门多、社会关切高，为提高政策制定效率，保障政策质量，可探索按照创新政策、健全部门规章、有序推进立法的原则，按照规范性文件—部门规章—法律的工作路径，统筹推进自然资源资产有偿使用制度改革。

1. 加快研究制定各类自然资源资产有偿使用政策

把自然资源资产有偿使用政策的研究制定作为当前的重要任务，以规定、通知、意见、措施等形式形成规范性文件，纳入时间表，有计划形成一大批政策性成果。与规章和法律相比，这些政策性具有法律层次低、适用范围小、操作性强、时间周期短的特点，运行一段时间后，通过政策后评估，可以将普适性强、可复制、可推广的有偿使用政策上升为部门规章。因此，按照生态文明建设和自然资源有偿使用制度改革的要求，加快制定一大批具体政策，既是统筹推进自然资源资产有偿使用的工作需要，也是将自然资源资产有偿使用制度化、法制化的前提和基础。

2. 整合重构自然资源管理部门规章，充分体现有偿使用内容

对中央明确要求推进有偿使用的自然资源，在修订整合出台自然资源管理方面的部门规章中，要及时、充分地体现有偿使用和市场配置的内容，推动自然资源资产有偿使用政策进入法制化轨道。从规章制度建设上，可考虑研究制定国有建设用地使用权和矿业权出让转让办法，统一规定"两权"（土地使用权和矿业权）有偿使用和市场配置的一般规定和原则要求，分章节分别规定"两权"的具体条件和程序性规定，再统一规定交易平台建设、监管和法律责任，推动土地和矿产资源领域全面深化改革向纵深发展。

3. 国家层面推动自然资源资产有偿使用的立法进程

按照生态系统的整体性、系统性统筹考虑生态系统各要素，实现整体保护、系统修复、综合治理，树立自然价值和自然资本理念，构建自然资源资产产权制度，必须从顶层设计上，发挥好法治对自然资源改革的引领和保障作用，加快建设自然资源法治体系，用最严格的制度、最严密的法治，为生态文明建设提供可靠保障。要在结合十三届全国人大常委会立法规划，对未来 3～5 年的自然资源立法工作进行整体谋划和系统部署，在立法中要突出自然资源资产的有偿使用和市场配置内容，用完善的立法对自然资源资产有偿使用制度进行重新安排。